中等职业学校重点建设项目系列规划教材

电力拖动控制与技能训练

主　编　姚玉萍　袁国立　李　云
副主编　高玉雪　梁　刚　张玉芹　单承杰

天津大学出版社
TIANJIN UNIVERSITY PRESS

图书在版编目(CIP)数据

电力拖动控制与技能训练 / 姚玉萍，袁国立，李云主编 ；高玉雪等副主编. -- 天津 ：天津大学出版社，2025. 5. -- (中等职业学校重点建设项目系列规划教材). -- ISBN 978-7-5618-7863-7

Ⅰ. TM921.5

中国国家版本馆CIP数据核字第2024U8W977号

出版发行	天津大学出版社
地　　址	天津市卫津路92号天津大学内（邮编:300072）
电　　话	发行部：022-27403647
网　　址	www.tjupress.com.cn
印　　刷	廊坊市海涛印刷有限公司
经　　销	全国各地新华书店
开　　本	787毫米×1092毫米 1/16
印　　张	10.5
字　　数	262千
版　　次	2025年5月第1版
印　　次	2025年5月第1次
定　　价	35.00元

前　　言

“电力拖动控制与技能训练”是机电专业公共基础课程。该课程以电气控制技术基础知识的学习为主。课程内容的学习由简单到复杂、从单一到综合,理论联系实际,课程体系完整。通过本课程的学习,学生掌握了电气系统的基本知识和基本的分析方法,并得到必要的实践技能的训练,为将来成为技术人才打下基础。

本课程以提升学生的实践能力和分析思维能力为核心,强调操作技能的训练,特别是注重实际操作的技能培养。其目标是为学生打下坚实的基础,使他们在面对实际工作中的问题时,能有效地运用所学知识进行解决。

在教学方法上,坚持以能力为导向,注重“方法”的传授,教导学生在电工操作中明确知道如何行动和执行任务。这种教学方式旨在培养他们在实际工作中独立解决问题的能力。

课程内容具有高度的针对性,按照系统的逻辑和典型性案例进行设计,旨在帮助学生快速掌握安装、调试和复杂维修作业的技能,以期他们在岗位上能迅速通过实践检验,顺利地完成各项技术任务。教材内容体现了课程的性质、价值、基本理念、课程目标以及内容标准。将本专业的新技术、新工艺、新设备纳入教材,使教材更贴近本专业的发展和实际需要,更贴近学生。在知识的介绍上,用到什么讲到什么;在实训项目的安排上,强调实用性、可操作性。

本书在编写过程中,总结了该课程教学中的理论与实践教学经验,打破课程的知识结构体系,通过项目教学进行有效整合,将理论教学、实践教学融于一体,按照项目下每个工程的实际工作任务、工作过程和工作情境组织课程,形成项目导向、任务引领的“理实一体化”课程模式,培养学生与企业和社会发展相适应的职业能力。

本书把低压电器与电动机基本控制线路的教学内容分成若干个项目,在基本知识与操作技能的处理上,根据不同的项目,本着“必需”和“够用”的原则,将相关基础知识分解到各项目中去。本书知识前后连贯紧密、由简到繁、由浅入深、边学边练,使学生学到的理论知识马上得到运用和验证,既解决了由于不同课程知识重叠而导致教学效率低的问题,又使学生能把学到的理论知识及时运用到实际项目中,从而降低了学生刚学该课程时的困难,大大激发学生学习的积极性。

本教材主编、副主编为新疆生产建设兵团第一师阿拉尔职业技术学校教师,他们有丰富的职业教育教学经验。本教材共四个教学项目,项目一由高玉雪、张玉芹、梁刚、单承杰编写;项目二由李云编写;项目三由主编姚玉萍编写,项目四由主编袁国立、姚玉萍、李云编写。

由于时间仓促,编者水平有限,本书中难免存在疏漏之处,恳请各位读者批评指正。

编者

2024年8月

目　　录

绪　论

一、电机及电力拖动技术的发展状况

众所周知，工业企业中的各种生产机械在完成生产过程时，都需要消耗一定形式的能量，如机械能、热能、化学能等。然而，对于大多数生产机械而言，最需要的是机械能。因此，目前广泛使用各种类型的电动机来驱动生产机械，通过电动机将电能转换为机械能，以满足生产需求。这种使用电动机作为动力源来驱动生产机械的方式称为电机拖动，或称为电力拖动。目前在生产中广泛应用的各种生产机械（如车床、钻床、冲床、造纸机、轧钢机等）大多采用电力拖动方式。

根据电力拖动系统中被控制的电动机数量的不同，电力拖动的发展经历了三个阶段：单电动机多机械成组拖动、单电动机单机械拖动以及多电动机组合拖动。

在 19 世纪末期，电动机逐渐取代蒸汽机，最初采用成组拖动方式，即由一台电动机拖动传动轴，再通过传动带分别驱动多台生产机械。这种拖动方式存在能量损耗大、效率低、安全性差、维修时影响范围大等缺点，且无法利用电动机的调速性能，也难以实现自动控制，因此已被淘汰。

20 世纪 20 年代，单电动机单机械拖动方式出现，由一台电动机直接驱动一台生产机械，简化了中间传动机构，从而提高了效率。同时，这种方式充分利用了电动机的调速性能，便于实现自动控制。

20 世纪 30 年代，随着现代工业生产的迅速发展，生产机械变得越来越复杂，一台生产机械往往包含多个运动部件。如果仍使用单一电动机进行拖动，传动机构将非常复杂。因此，出现了一种由多台电动机分别驱动不同运动部件的拖动方式，即多电动机拖动。这种方式简化了生产机械的传动机构，提高了传动效率，且易于实现自动控制，从而提高了劳动生产率。目前，大多数常用的生产机械都采用这种拖动方式。

从电力拖动的控制方式来看，电力拖动可分为断续控制系统和连续控制系统。在电力拖动发展的不同阶段，这两种控制方式占据着不同的地位，并呈现交替发展的趋势。

随着电力拖动的出现，最早产生的是手动控制电器控制电动机运转的手动断续控制方式。随后，逐步发展为由继电器、接触器和主令电器等组成的继电接触式有触点断续控制方式。这种控制系统结构简单、工作稳定、成本低廉、维护方便，不仅能够方便地实现生产过程的自动化，还可以实现集中控制和远距离控制，因此目前仍在生产机械中被广泛应用。然而，这种控制方式只有通与断两种状态，控制作用是断续的，即只能控制信号的有和无，而无法连续控制信号的变化。为了适应控制信号连续变化的需求，出现了直流电动机连续控制系统。这种控制方式充分利用了直流电动机良好的调速性能，能够实现高精度、宽范围的平滑调速。典型的连续控制系统包括：20 世纪 30 年代出现的直流发电机-电动机组调速系统，20 世纪 40~50 年代的交流磁电机扩大机-直流发电机-电动机调速系统，以及 20 世纪 60

年代出现的晶闸管-直流电动机调速系统。

近年来，随着自动控制理论的不断发展、半导体器件的广泛应用以及数控技术和电子计算机技术的发展与应用，相继出现了顺序控制、可编程无触点断续控制、采样控制等多种控制方式。在电动机调速方面，已经形成了电子功率器件与自动控制相结合的领域。不仅晶闸管-直流电动机调速系统得到了广泛应用，而且交流变频调速技术也发展迅速，在许多领域，交流电动机变频调速系统有逐渐取代晶闸管-直流电动机调速系统的趋势。综上所述，采用电力拖动控制系统对于提高劳动效率和产品质量，提高生产机械运行的准确性、可靠性和快速性，改善工人的劳动条件以及节省人力，具有十分重要的意义。

二、电机及电力拖动系统的分类

电能是一种能量形式，与其他能源相比，电能具有显著的优越性，适合大规模生产、集中管理、远距离传输以及自动化控制。因此，电能在工农业生产和人类日常生活中得到了广泛应用。作为电能的生产、输送和应用的核心能量转换设备——电机，在电力工业、工矿企业、农业、交通运输、国防、科学文化以及日常生活等领域都是至关重要的。

在电力工业中，将机械能转换为电能的发电机，以及用于提升或降低电网电压的变压器，都是电力系统中的关键设备。在工矿企业中，各种工作母机、压缩机、起重机、水泵和风机，交通运输中的汽车电器、电力机车，农业中的电力排灌、农产品加工，日常生活中的各种家用电器，均需要不同特性和用途的电机进行驱动和控制。随着工业企业的电气化、自动化和信息化发展，各种容量的精密控制电机在自动控制系统中发挥着重要作用。

显然，电机在国民经济建设中占据着重要地位，随着生产力的发展和科技水平的提高，电机的技术内容也在不断地深化和更新。电机的用途广泛，种类繁多。

1. 按照其在应用中的能量转换功能分

(1)发电机：将机械功率转换为电功率。

(2)电动机：将电功率转换为机械功率。

(3)将电功率转换为另一种形式的电功率的电机，又可分为以下几种。

①变压器：输出和输入有不同的电压。

②变流机：输出与输入有不同的波形，如将交流变为直流。

③变频机：输出与输入有不同的频率。

④移相机：输出与输入有不同的相位。

(4)不以功率传递为主要职能，而在电气机械系统中起调节、放大和控制作用的各种控制电机。

2. 按照所应用的电流种类分

电机可以分为直流电机和交流电机。

3. 按照原理和运动方式分

(1)直流电机：没有固定的同步速度。同步速度决定于该电机的极数和频率，同步速度的确切意义将在后文说明。

(2)变压器：静止设备。

(3)异步电机：作为电动机运行时，速度比同步速度小；作为发电机运行时，速度比同步速度大。

(4)同步电机:速度等于同步速度。

(5)交流换向器电机:速度可以在宽广范围内随意调节,可以从同步速度以下调至同步速度以上。

三、电机及电力拖动课程常用的物理概念和定律

1. 磁感应强度 B

磁场的大小和方向可用基本物理量磁感应强度来描述,用符号 B 表示,单位是 T(特斯拉),是一个矢量。

在给定的磁场中,某一点的磁感应强度 B 的大小和方向都是确定的。若设想用假想存在的曲线来表示磁场的分布,则应规定曲线上的每一点的切线方向就是该点的磁感应强度 B 的方向,这样的曲线叫做磁感应线或磁力线。磁感应线具有以下特征。

(1)磁感应线的回转方向和电流方向之间的关系遵守右手螺旋法则。如图 0-1 所示,四指指向电流的方向,则拇指将指向磁场的方向。

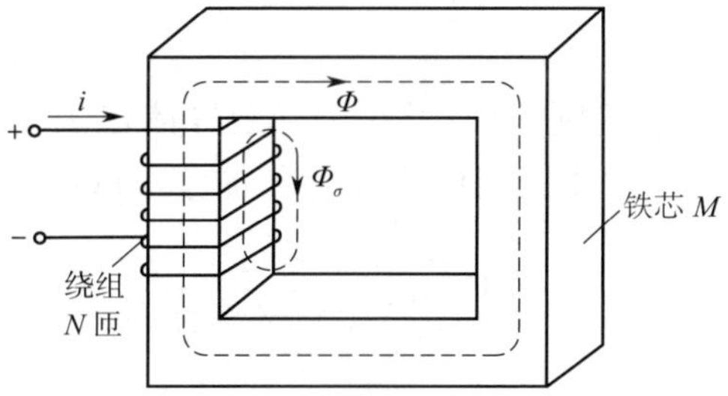

图 0-1　简单铁芯磁路

(2)磁场中的磁感应线不会相交。因为磁场中每点的磁感应强度的方向是确定的、唯一的。

(3)载流导线周围的磁感应线都是围绕电流的闭合曲线,没有起点,也没有终点。为了使磁感应线不仅能表示磁场的方向,而且能描述磁场各处的强弱,人们以磁感应线的疏密程度来表示该处磁感应强度 B 的大小。对磁感应线的密度规定如下:通过磁场中某点处垂直于 B 矢量的单位面积上的磁感应线数目(磁感应线密度)等于该点 B 的数值。因此,磁场强的地方,B 大,磁感应线密;磁场弱的地方,B 小,磁感应线稀。对于均匀磁场来说,磁场中的磁感应线相互平行,各处的磁感应线密度相等;对于非均匀磁场来说,各条磁感应线相互不平行,各处的磁感应线密度不相等。

2. 磁感应通量 Φ

通过磁场中某一面积的磁感应线数称为通过该面积的磁通量,简称磁通,用符号 Φ 表示。在国际单位制中它的单位是 Wb(韦伯),是一个标量。根据上述磁感应强度、磁感应线和磁通量的定义,由图 0-2 可见,对于均匀磁场,穿过平面 S 的磁通量 Φ 为:

$$\Phi = BS\cos\theta$$

式中:θ 为平面 S 的法线 n 和 B 之间的夹角。

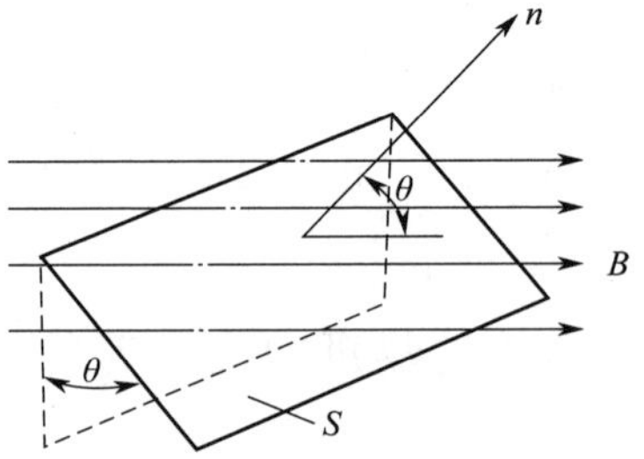

图 0-2 磁通量

可见当磁感应线与平面正交时,通过平面的磁通量最大;当两者平行时,通过平面的磁通量为零。

3. 磁场强度 H

表征磁场性质的另一个基本物理量是磁场强度,它也是一个矢量,用符号 H 表示,其单位为 A/m(安/米)。磁场的两个基本物理量之间存在着下列关系:

$$B = \mu H$$

式中:μ 为导磁物质的磁导率。

4. 左手定则

左手定则又称为安培左手定则,是一种用于确定导体在磁场中受力方向的规则。它主要用于解释载流导体在磁场中所受的洛伦兹力的方向,如图 0-3 所示。

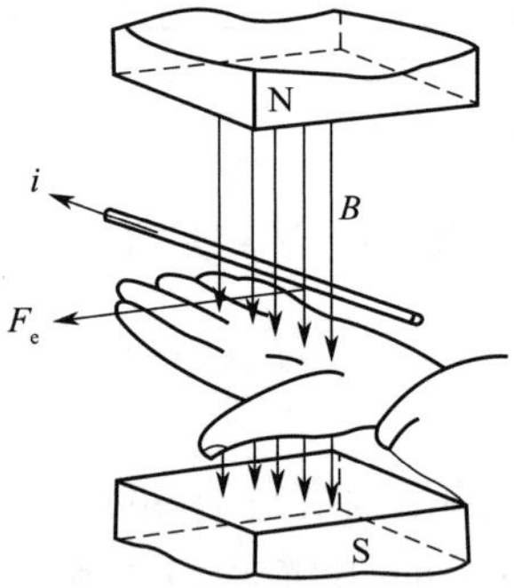

图 0-3 左手定则示意图

按照左手定则的内容:

(1)左手伸开,使拇指、食指和中指相互垂直;

(2)磁感线垂直穿过手心(从 N 极指向 S 极);

(3)中指指向电流的方向(电流流动的方向);

(4)拇指所指的方向即为导体所受力的方向。

5. 电磁感应现象

当该线圈中的磁通量发生变化时,线圈中将有感应电动势产生。感应电动势的数值与线圈所匝链的磁链的变化率成正比。感应电动势的方向,将倾向于产生一电流,如电流能流通,该电流的磁化作用将阻止线圈的磁链发生变化。若电动势、电流和磁通的正方向取得一致,即电流的正方向与磁通的正方向符合右手螺旋定则,正电动势倾向于产生正电流。

法拉第电磁感应定律:在一个闭合回路中,感应电动势的大小与穿过回路的磁通量变化率成正比。

$$\varepsilon = -\frac{\mathrm{d}\Phi}{\mathrm{d}t}$$

式中:ε 是感应电动势;Φ 是磁通量;t 是时间。

楞次定律:感应电流具有这样的方向,即感应电流的磁场总是阻碍引起感应电流的磁通量变化。这说明感应电流产生的磁场方向会抵抗原始磁场的变化,体现了能量守恒的原则。

项目一　常用低压电器

【教学目标】

1. 掌握低压电器的基本工作原理,如断路器、接触器、继电器等的工作机制。
2. 了解低压电器在电气系统中的作用和重要性。
3. 熟悉常见的低压电器,如断路器、熔断器、开关等。
4. 掌握各类低压电器的功能及适用场合。
5. 掌握低压电器的安装方法,了解安装过程中的注意事项。
6. 学习如何正确接线,确保电路的安全与稳定运行。
7. 熟悉与低压电器相关的国家和行业标准,确保设备的合规性。
8. 了解低压电器的选型原则与参数要求。

任务一　低压电器基础知识

根据工作电压高低,电器可以分为低压电器和高压电器。低压电器是指在直流1 200 V、交流1 500 V及以下的电路中工作,用于实现对电路或非电对象的控制、检测、保护、变换和调节等功能的电器。基于电磁原理构成的低压电器称为电磁式低压电器;使用集成电路或电子元件构成的称为电子式低压电器;运用现代控制原理构成的则称为自动化电器、智能化电器或可通信电器。低压电器种类繁多、结构各异、用途广泛、原理不同,有许多不同的分类方法。一般按用途可以分为以下几类。

(1)低压配电电器。低压配电电器用于供电和配电系统中的电能输送和分配。常见的低压配电电器包括刀开关、低压断路器、隔离开关、转换开关和熔断器等。这些电器要求具备较强的分断能力、良好的限流效果以及优异的动稳定性和热稳定性。

(2)低压保护电器。低压保护电器用于对电路和电气设备进行安全保护。常见的低压保护电器包括熔断器、热继电器、电压继电器和电流继电器等。这些电器需要具备高可靠性、灵敏的反应能力,并具有一定的通断能力。

(3)低压控制电器。低压控制电器用于各类控制电路和控制系统。常见的低压控制电器包括转换开关、按钮、接触器、继电器、电磁阀、热继电器、熔断器以及各种控制器等。这些电器需要具备一定的通断能力、高操作频率,并具有较长的电气和机械寿命。

(4)低压执行电器。用于执行某种动作和传动功能的电器称为低压执行电器。常见的低压执行电器包括电磁铁和电磁离合器等。

(5)低压主令电器。用于发送控制指令的电器称为低压主令电器。常见的低压主令电器包括按钮、主令开关、行程开关、主令控制器、凸轮控制器和万能转换开关等。这些电器要求操作频率高、具有较长的电气和机械寿命,并且能够抗冲击。

任务二　开关电器

【学习目标】

1. 掌握各种类型开关电器的基本工作原理。
2. 熟悉各类开关电器的规格、型号及其选择标准。
3. 掌握开关电器的正确安装方法，确保其安全稳定地运行。
4. 了解不同类型开关电器的特点及其在实际电力系统中的应用场合。

【学习要点】

1. 刀开关、组合开关、断路器等各类开关电器的区别与联系。
2. 理解断路器的过流、过载、短路、漏电保护功能。
3. 学习开关电器操作的安全规程，包括开关合分的操作步骤和防护措施。

开关电器广泛应用于配电系统，主要作为电源开关，起到隔离电源和保护电器设备的作用。此外，开关电器还可以直接控制小容量电动机的启动、停止和反转。

一、刀开关

刀开关是一种结构简单且广泛应用于低压电器的手动操作电器，通常用于电源开关、隔离开关以及小容量交流异步电动机的非频繁启动操作开关。刀开关种类繁多，可以根据不同特点进行分类，如按极数可分为单极、双极和三极；按是否带有灭弧装置分为带灭弧装置的刀开关和不带灭弧装置的刀开关；按转换方向分为单掷和双掷；按接线方式分为板前接线和板后接线；按操作方式分为直接手柄操作和远距离联杆操作；此外，根据是否带有熔断器，还可分为带熔断器的负荷开关和不带熔断器的普通刀开关。在电力拖动控制电路中，最常用的是负荷开关，负荷开关又可分为开启式和封闭式两种。

1. 开启式负荷开关

开启式负荷开关也称为胶壳闸刀开关，如图 1-1 所示。它由操作手柄、熔丝、触刀、触刀座和底座等部件组成。由于该开关配备了熔丝，能够在电路短路时提供保护，因此主要用于电气照明电路、电热电路以及小容量电动机电路的非频繁控制。此外，它还可以作为分支电路的配电开关使用。

在安装刀开关时，操作手柄应朝上，不能倒装或水平安装，以防止因重力作用使手柄自动下落，导致误合闸。在接线时，电源线应连接在开关的上端，而负载线应连接在下端。这样在断开开关后，刀片与电源隔离，不仅方便更换熔丝，还能有效防止意外事故的发生。需要注意的是，HK 系列的开启式负荷开关没有灭弧装置，因此在进行分闸或合闸操作时应动作迅速，使电弧能够快速熄灭，避免电弧灼伤手部，同时减少电弧对刀片和触刀座的损伤。

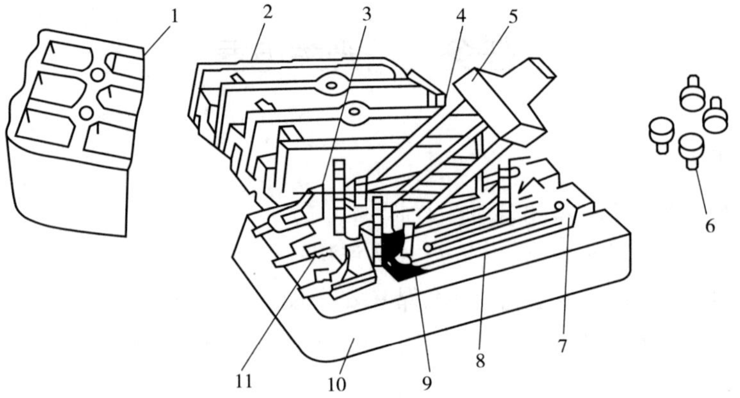

图 1-1 开启式负荷开关结构图

1—上胶盖;2—下胶盖;3—插座;4—触刀;5—瓷柄;6—胶盖紧固螺母;7—出线座;8—熔丝;9—触刀座;10—瓷底板;11—进线座

普通刀开关和负荷开关在电路图中的图形符号与文字符号分别如图 1-2 和图 1-3 所示,其中普通刀开关的文字符号为 Q,负荷开关的文字符号为 QS。

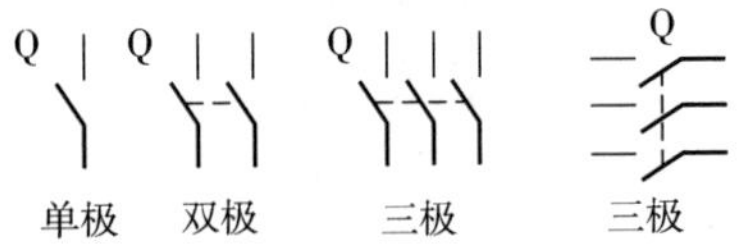

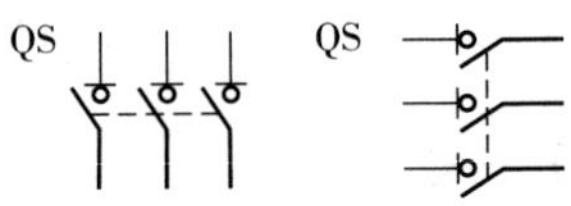

图 1-2 普通刀开关的图形符号和文字符号　图 1-3 负荷开关的图形符号和文字符号

2. 封闭式负荷开关

封闭式负荷开关又称为铁壳开关,常见的型号为 HH 系列,如图 1-4 所示。该开关由铸铁或铸钢外壳、触刀、操作机构和熔断器等组件构成。铁壳开关适用于手动不频繁地接通和断开负载电路,还可用于电路末端的短路保护,以及控制 15 kW 以下交流电动机的不频繁直接启动和停止。

铁壳开关的操作机构采用储能合闸方式,其上装有速断弹簧,并通过钩子固定在转轴上。当转动手柄开始分闸或合闸操作时,U 形动触刀最初不会移动,而是通过拉伸弹簧来积累能量。当转轴转动到一定角度时,弹簧的力会促使动触刀迅速与静触座分离或嵌入,从而快速熄灭电弧,实现较高的分、合闸速度。此外,该开关的外壳还配备了机械联锁装置,以确保在开关合闸后无法打开箱盖,且在箱盖打开后无法再次合闸,从而保障了用电安全。

3. 刀开关的主要技术数据

(1)额定电压:刀开关在长期工作中能够承受的最大电压,通常交流电为 500 V 以下,直流电为 440 V 以下。

(2)额定电流:刀开关在合闸位置长期通过的最大工作电流。小电流刀开关的额定电流分为 10 A、15 A、20 A、30 A、60 A 五个等级;大电流刀开关的额定电流分为 100 A、200 A、400 A、600 A、1 000 A、1 500 A 六个等级。

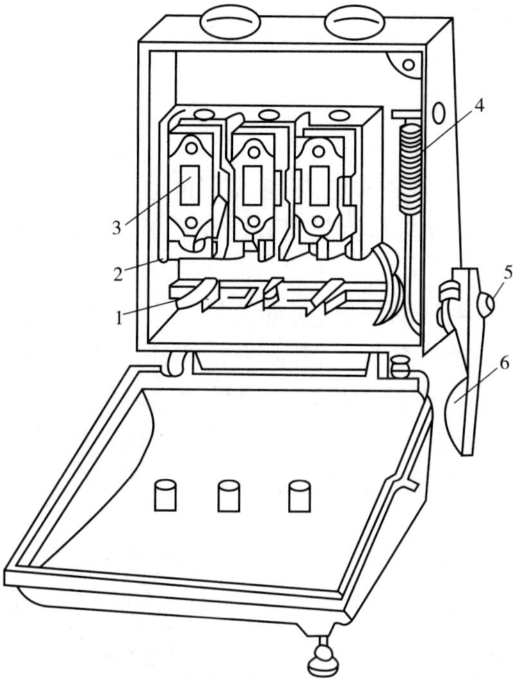

图 1-4　铁壳开关的结构图

1—触刀;2—夹座;3—熔断器;4—速断弹簧;5—转轴;6—手柄

(3)动稳定电流:当电路发生短路故障时,刀开关在短路电流产生的电动力作用下不会发生变形、损坏或触刀自动弹出的现象。该短路电流的峰值即为刀开关的动稳定电流,可能达到额定电流的数十倍。

(4)热稳定电流:当电路发生短路故障时,刀开关在一定时间内(通常为 1 s)通过短路电流,不会因温度急剧升高而导致熔焊现象。该短路电流的峰值即为刀开关的热稳定电流,可能达到额定电流的数十倍。

4. 刀开关的选用

(1)根据使用场合,选择适当的刀开关类型、极数及操作方式。

(2)刀开关的额定电压应不小于线路电压。

(3)刀开关的额定电流应不小于线路的额定电流。对于电动机负载,开启式负荷开关的额定电流应为电动机额定电流的 3 倍,封闭式负荷开关的额定电流应为电动机额定电流的 5 倍。

5. 刀开关的安装与使用

在安装开启式负荷开关时,应尽量确保底座垂直于地面,使手柄操作方向为从下向上合闸,避免倒装或水平安装。安装错误,振动或其他偶然因素可能导致刀闸自动下落,从而引发误合闸事故。接线时,电源进线应接在开关上方的进线端子,而用电设备应接在开关的出线端子上。这样在开关断开后,刀闸和熔体将不带电,确保在刀闸分断的情况下更换熔体更加安全。在操作时,应确保紧固刀闸开关各接线柱的螺钉,且刀闸与静触点夹座的接触应保持正直。如果接触不良或歪斜，这些部位可能会因过热而导致放电，从而引发电气火灾。

二、组合开关

组合开关又称转换开关，是一种多触点、多位置的电器，可以控制多个回路。一般用于非频繁地接通或断开电路、互换电源和负载、测量三相电压及控制小容量异步电动机的正/反转等。

常用的组合开关 HZ10 系列的外形、图形符号与文字符号、结构如图 1-5 所示。开关的三个静触头分别安装在三层绝缘垫板上，并附有接线柱，用以连接电源和用电设备。三个动触头由磷铜片或硬紫铜片与消弧性能优良的绝缘钢片铆合而成，并与绝缘垫板一起安装在带手柄的绝缘方杆上。绝缘方杆每次可正向或反向旋转 90°，带动三个动触片与三个静触片接通或断开，实现对电路的控制。其主要技术数据见表 1-1。

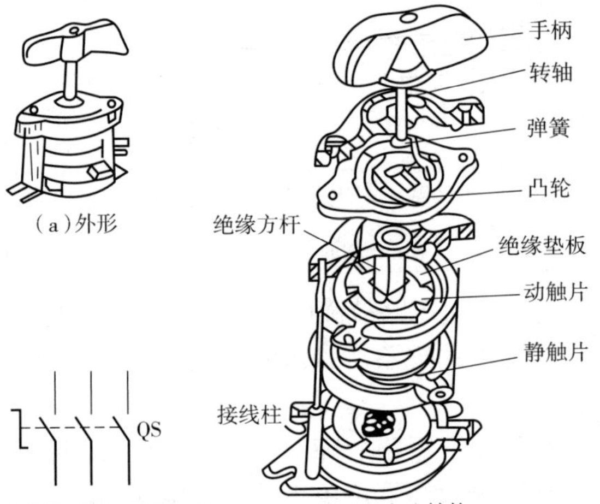

(a)外形 (b)图形符号与文字符号 (c)结构

图 1-5 HZ10 系列转换开关

表 1-1 HZ10 系列开关主要技术数据

型号	极数	额定电流/A	额定电压/V	可控制电动机容量/kW
HZ10-10	2、3	6、10	DC220 AC380	3
HZ10-25		25		5.5
HZ10-60		60		—
HZ10-100		100		—

当组合开关用于控制小容量（7 kW 以下）电动机的启动、停止时，其额定电流应为电

动机额定电流的3倍。如果组合开关用于接通电源,则其额定电流应稍大于电动机额定电流。

三、低压断路器

低压断路器也被称为自动空气开关或自动空气断路器,是低压配电系统和电力驱动系统中的关键电器。它集刀开关、熔断器、过电流保护、欠电压保护、失电压保护以及热继电器的功能于一体,具备多种控制与保护功能。低压断路器具有操作安全、使用方便、工作可靠、安装简便和高分断能力等优点,在断开故障电流后,通常无需更换零部件,因此得到了广泛的应用。

1. 低压断路器的结构

低压断路器的结构比较简单,一般由触点系统、灭弧罩、自由脱扣机构、操作机构和各种脱扣器组成,如图1-6所示。

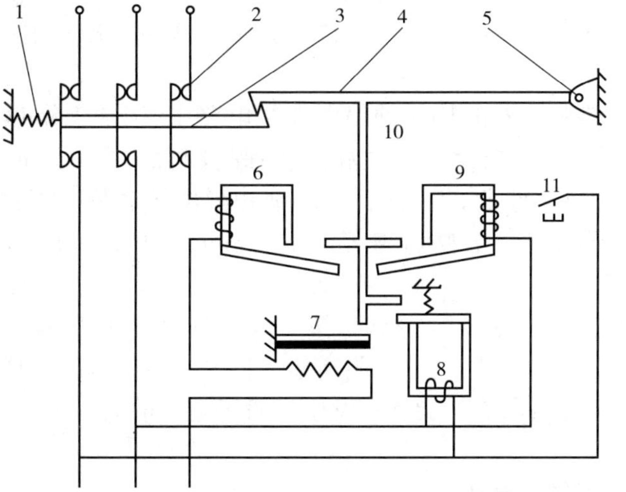

图1-6　低压断路器的结构原理图

1—分闸弹簧;2—主触点;3—传动杆;4—锁扣;5—轴;6—过电流脱扣器;7—热脱扣器;8—欠电压和失电压脱扣器;9—分励脱扣器;10—杠杆;11—分闸按钮

(1)触点系统。触点系统包括主触点和辅助触点两部分。主触点采用耐弧合金制造,是低压断路器的核心部件,负责主电路的接通和断开。除此之外,还有一对常开和一对常闭的辅助触点,用于发出断路器接通或断开的信号。

(2)灭弧罩。灭弧罩由互相绝缘的镀铜钢片构成的灭弧栅片组成,这种设计有助于在切断短路电流时加速灭弧,提高断流能力。

(3)自由脱扣机构。自由脱扣机构连接操作机构和主触点,当操作机构处于闭合位置时,人工也可以操作分励脱扣器进行脱扣,分断主触点。

(4)操作机构。操作机构负责低压断路器的闭合和断开。电力拖动控制系统的断路器通常使用手动操作机构，而低压配电系统的断路器则采用电磁铁或电动机操作机构。

（5）各种脱扣器。各种脱扣器作为低压断路器的感测元件，当电路出现故障时，脱扣器能感测到故障信号，并通过自由脱扣机构使主触点分断，从而实现保护功能。

2. 低压断路器的工作原理

当手动或电动合闸后，通过操作机构使主触点的动、静触头闭合，此时传动杆被锁扣钩住，保持主触点的闭合状态，同时分闸弹簧被拉伸。以下介绍为在电路出现故障时，各类脱扣器如何发挥保护作用。

（1）过电流脱扣器。过电流脱扣器的线圈串联在主电路中，正常情况下，线圈通过的工作电流产生的电磁吸力不足以吸合其衔铁，三对主触点保持闭合。当发生严重过载或短路时，过电流脱扣器的电磁吸力大幅增加，将衔铁吸合，并向上撞击杠杆，使锁扣脱离传动杆。在分闸弹簧的作用下，动触头被拉开，实现自动分闸，从而切断电路。

（2）欠电压和失电压脱扣器。在电路电压正常时，欠电压和失电压脱扣器并联在电源上，其线圈产生正常的电磁吸力，吸合衔铁，使衔铁与杠杆分离，主触点保持闭合。当电路电压下降或消失时，欠电压或失电压脱扣器的电磁吸力减少或消失，衔铁释放，并向上撞击杠杆，使锁扣脱离传动杆，主触点分断，实现自动分闸。这种脱扣器主要用于电动机的失压保护。

（3）热脱扣器。热脱扣器的热元件串联在主电路中，正常工作时，热元件通过的电流使其发热，但仅使双金属片轻微弯曲，主触点仍保持闭合。当电路长期过载时，热元件产生的热量使双金属片显著弯曲，推动杠杆，使锁扣脱离传动杆，主触点分断，从而切断电路，防止设备因过载而烧毁。分闸后需等待 1~3 min，待双金属片冷却复位后，方可再次合闸。

（4）分励脱扣器。当需要断开电路时，按下分闸按钮，分励脱扣器的线圈通电，产生电磁吸力吸合衔铁，向上撞击杠杆，使锁扣脱离传动杆，主触点分断。分励脱扣器主要用于远程控制的分闸，不具备电路保护功能。在发生人身触电事故时，可通过远程操作切断电源，确保安全。

3. 低压断路器的型号及含义

低压断路器的型号及含义如图 1-7 所示。

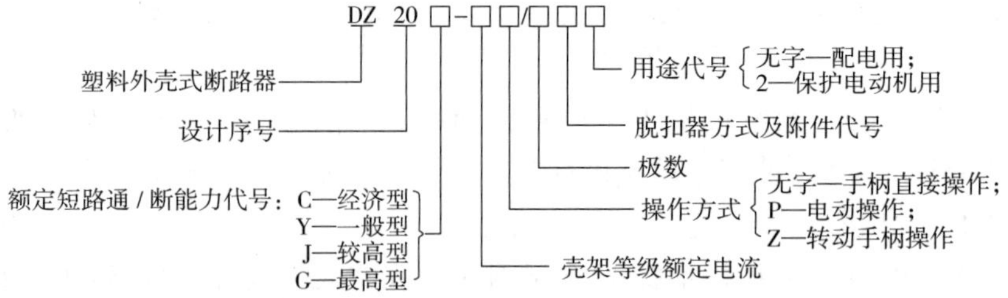

图 1-7　低压断路器的型号及含义

4. 低压断路器的图形符号与文字符号

低压断路器的图形符号与文字符号如图 1-8 所示。

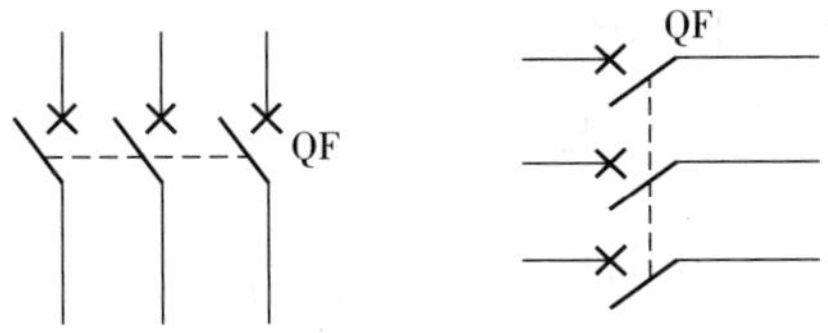

图 1-8　低压断路器的图形符号与文字符号

5. 低压断路器的选用

（1）低压断路器的额定电压应不小于线路的额定电压。

（2）低压断路器的额定电流应不小于线路或设备的额定电流。

（3）低压断路器的通断能力应足以应对线路中可能出现的最大短路电流。

（4）欠电压和失电压脱扣器的额定电压应与线路的额定电压一致。

（5）分励脱扣器的额定电压应与控制电源电压一致。

（6）长延时电流的整定值应等于电动机的额定电流。

（7）瞬时整定电流：对于保护笼型异步电动机的低压断路器，瞬时整定电流应为电动机额定电流的 8~15 倍；对于保护绕线型异步电动机的低压断路器，瞬时整定电流应为电动机额定电流的 3~6 倍。

【巩固练习】

1. 简述开关电器的结构组成及各组成部分的作用。
2. 简述开关电器的工作原理。

技能训练　低压断路器的拆装检查

一、目的要求

（1）熟悉常用低压断路器的内、外部结构。

（2）学会使用拆装工具和检测仪器、仪表对常用低压断路器进行检查。

二、工具、仪表及器材

（1）元件：拆装用断路器（DZ10 或 DZ15、DZ20 等）1 台。

（2）工具：一字螺钉旋具、十字螺钉旋具、尖嘴钳、六角扳手、套筒扳手等常用电工工具。

（3）测量仪表：三位半数字万用表、绝缘表（摇表）等。

（4）耗材：按需准备。

三、步骤

1. 检查前准备

（1）在检查断路器之前，应先清洁断路器的外表，检查其外部及附件是否有损坏或缺失，并确认拆装工具和测量仪器是否齐全且完好。

(2)核对并记录断路器铭牌上的技术参数。

(3)检查操作手柄的开闭是否灵活。

2. 检查

(1)取出灭弧罩,检查动触点和静触点是否存在严重烧蚀现象。

(2)检查灭弧罩及各相的绝缘情况,观察是否有炭化或金属粉末附着。

(3)确认各防护隔离板是否完好无损,注意检查有无断裂、破碎、炭化或金属粉末附着及烧蚀情况。

(4)检查漏电装置的零序互感器、电源信号电路板及电磁线圈是否有烧蚀或损坏的迹象。

(5)检查漏电试验触点的接触是否正常,确保试验电阻器没有损坏或烧蚀。

(6)断开断路器的电源回路,用绝缘表进行绝缘检查。

(7)检查断路器内部零件是否有松动现象。

(8)接入进线电源后通电,按漏电试验按钮,断路器能否可靠分断。

3. 完成工作记录表

步骤	计划工作内容	工作过程记录
1	实训器材准备	
2	做好拆装检查的低压断路器外部部件标记	
3	按拆卸步骤进行拆卸	
4	按操作要点逐一对元件进行检查	
5	断路器的组装与试验	
6	素养目标考核	

四、注意事项

(1)拆卸低压断路器时,应备有盛放零件的容器,以防丢失零件。

(2)拆卸过程中,不允许硬撬,以防损坏电器。

(3)拆卸过程中,遇到安装复杂的元件、组件或黏合、铆接成整体的元件,不要再进一步拆解,避免设备无法恢复。

五、评分标准

序号	评价内容	配分	评分标准	扣分	得分
1	实训器材准备	5	(1)工具准备完整性 3 分; (2)元件、仪表、耗材准备完整性 2 分		
2	做好拆装检查的低压断路器外部部件标记	5	(1)电器外壳标记 2 分; (2)记录铭牌参数 3 分		
3	按拆卸步骤进行拆卸	5	(1)拆卸断路器面板紧固螺钉,打开面板 3 分; (2)取下灭弧罩 2 分		
4	按操作要点逐一对元件进行检查	65	(1)动、静触点烧蚀面积检查与记录 5 分; (2)灭弧罩检查与记录 5 分; (3)操动机构检查与记录 5 分; (4)各相绝缘体检查与记录 5 分; (5)防护隔离板检查与记录 3 分; (6)零序互感器检查与记录 3 分; (7)电源信号电路板检查与记录 3 分; (8)电磁线圈检查与记录 3 分; (9)漏电试验触点检查与记录 3 分; (10)试验电阻检查与记录 3 分; (11)损坏的动、静触点修理或更换 7 分; (12)定位或储能弹簧检查与记录 5 分; (13)严重损坏灭弧罩的修理或更换 5 分; (14)热继电器检查与记录 5 分; (15)相间绝缘电阻检查与记录 5 分		
5	断路器的组装与试验	15	(1)安装复位灭弧罩 3 分; (2)安装复位绝缘隔板等 3 分; (3)安装复位断路器面板 3 分; (4)安装进线电源 3 分; (5)漏电试验 3 分		
6	素养目标考核	5	(1)环境整洁 1 分; (2)工具、仪表摆放整齐 1 分; (3)遵守安全规程 1 分; (4)积极进取,礼貌待人,团结协作 1 分; (5)认真阅读思政小文章,写出读后感想 1 分		
合计		100			

任务三 熔断器

【学习目标】

1. 掌握熔断器的基本结构和工作机制，了解其通过熔断来保护电路的原理。
2. 了解不同类型熔断器的特点、应用场合和选择标准。
3. 熟悉熔断器的主要参数，如额定电压、电流、分断能力等。
4. 学习如何正确选择、安装和更换熔断器，确保其在电路中正常工作。
5. 掌握熔断器在实际应用中的选型方法，避免过度保护或保护不足。

【学习要点】

1. 理解熔体在超额电流作用下熔断、切断电路的过程。
2. 掌握熔断器的关键参数，如额定电流、额定电压、分断能力。
3. 学习如何根据电路的实际需求选择合适的熔断器。
4. 学习排除故障的步骤，包括检查电路负荷、替换熔体、清洁接触点等。

熔断器是一种用于过载和短路保护的电器，当电流超过限定值时，通过熔体熔化来分断电路。它在低压配电网络和电力拖动系统中，主要用于短路保护。使用时，熔断器串联在被保护的电路中。在线路正常工作时，它如同一根导线，起到通路作用。当电路发生故障且通过熔断器的电流达到或超过某一额定值时，熔断器会利用自身产生的热量使熔体熔断，从而自动分断电路，起到保护作用。

一、熔断器的结构和工作原理

熔断器主要由熔体、安装熔体的绝缘底座（或熔管）、填料和导电部件等构成。熔体是熔断器的核心部分，通常制成丝状、片状、带状或笼状。熔体的材料分为两种：一种是由铅锡合金和锌等低熔点金属制成，尽管不易灭弧，但适用于小电流电路；另一种是由铜、银等高熔点金属制成，由于易于灭弧，多用于大电流电路。熔管是安装熔体的外壳，并在熔体熔断时兼具灭弧功能。

熔断器在使用时与被保护电路串联。当电路正常工作时，熔体能够通过相应电流而不熔化；但当电路发生短路或严重过载时，故障电流会流经熔体，产生的热量使熔体达到熔点并熔化，从而自动切断电路，实现过载和短路保护。

二、熔断器的类型及符号

1. 螺旋式熔断器

螺旋式熔断器的熔管内填充了石英砂或惰性气体，这有助于电弧的熄灭，因此其分断能力较强。熔体的上端盖有一个熔断指示器，当熔体熔断时，红色指示器会从瓷帽上的玻璃孔中弹出，方便观察，常见的型号有 RL6、6RL7 系列，多用在电动机的主电路中，其结构示意图如图 1-9

所示。螺旋式熔断器的优点是分断指示清晰,不需要任何工具即可轻松取下和更换熔体。

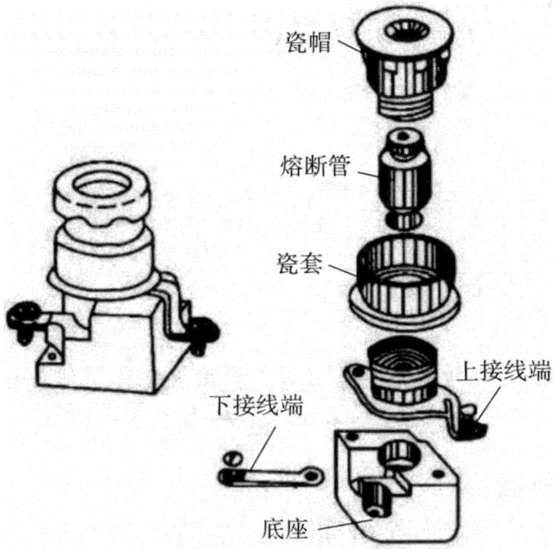

图 1-9　螺旋式熔断器结构示意图

2. 自复式熔断器

自复式熔断器的特点是能够切断短路电流,并在故障排除后自动恢复,无需更换熔体。国产的 RZ1 型自复式熔断器结构示意图如图 1-10 所示,其设计采用钠作为熔体材料。在常温下,钠的电阻率极低,正常的负载电流可以轻松通过;但在短路情况下,大电流使钠迅速受热汽化,电阻率急剧上升,从而限制了短路电流。在钠汽化限流的过程中,熔断器一端的活塞被推向右侧,压缩氩气,以减小钠汽化时产生的压力,防止熔管破裂。当限流过程结束后,钠蒸气冷却并恢复为固态,活塞在压缩氩气的作用下被推回左侧,迅速将金属钠恢复到原位,从而使熔断器重新进入正常工作状态。自复式熔断器的优点在于能够重复使用,无需更换熔体。然而,它只能限制短路电流,无法切除故障电路。因此,自复式熔断器通常与低压断路器配合使用,前者用于限制短路电流,后者则用于通断电路和提供短路保护。国产的 DZ10-100R 型低压断路器就是 DZ10-100 型低压断路器与 RZ1-100 型自复式熔断器的结合体。

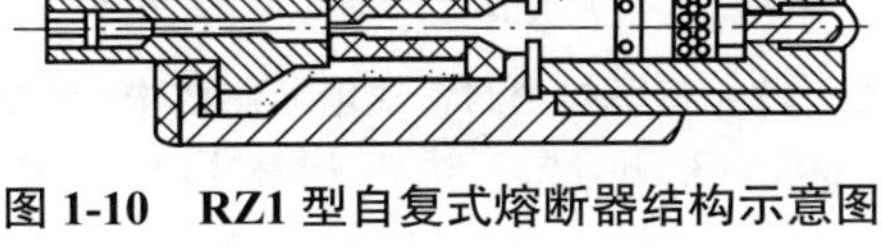

图 1-10　RZ1 型自复式熔断器结构示意图

1—接线端子;2—云母玻璃;3—氧化铍瓷管;4—不锈钢外壳;
5—钠熔体;6—氩气;7—接线端子

3. 无填料密封管式熔断器

常用的无填料密封管式熔断器有 RM10 系列,其结构示意图如图 1-11 所示。该熔断器由纤维熔管、变截面锌熔片和触点底座等部分组成。锌熔片被设计为宽窄不一的变截面结构,这种设计是为了调整熔断器的保护性能。当发生短路时,短路电流首先会使熔片的狭窄部分(由于电阻较大)受热熔断,导致熔管内形成几段串联的短弧。此外,由于狭窄部分的熔断,中段熔片会跌落,使电弧迅速拉长,从而快速熄灭电弧。在过载电流通过时,由于加热时间较长,狭窄部分能够较好地散热,通常不会在该处熔断,而是在宽窄交界的斜部熔断。通过观察熔片熔断的位置,可以大致判断故障的性质。这种熔断器结构简单,更换熔片方便,广泛用于低压配电网或成套配电设备中。

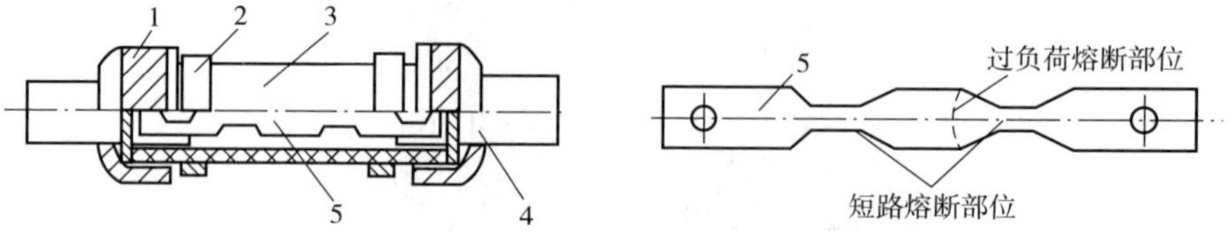

图 1-11 RM10 系列无填料密封管式熔断器结构示意图

1—铜管帽;2—管夹;3—纤维熔管;4—触刀;5—变截面锌熔片

4. 有填料密封管式熔断器

有填料密封管式熔断器结构示意图如图 1-12 所示,熔断器内部填充了石英砂,用于冷却和熄灭电弧,因此具有较强的电流切断能力。常用的型号包括 RT12、RT14、RT15、RT17 和 NT 系列。RT12 和 RT15 系列熔断器配有熔断指示器,而 RT14 系列则配备了撞击器。当熔断器熔断时,撞击器会弹出,不仅作为熔断信号的指示,还可以触发微动开关,切断接触器线圈电路,从而使接触器断电。NT 系列熔断器是我国引进德国技术生产的,具有分断能力强、体积小、功耗低和性能稳定等特点,广泛应用于大容量电力网和配电设备中。

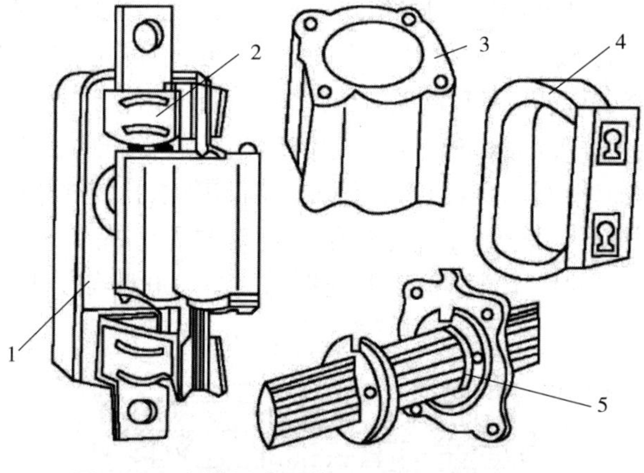

图 1-12 有填料密封管式熔断器结构示意图

1—瓷底座;2—弹簧片;3—管体;4—绝缘手柄;5—熔体

三、熔断器的主要技术数据

1. 额定电压

额定电压指熔断器长期工作时能够承受的电压,其值一般应等于或大于所接电路的工作电压。

2. 额定电流

额定电流是指熔断器在长期工作过程中,各部件的温升不超过允许范围的最大工作电流。熔断器的额定电流分为两种：一种是熔管的额定电流，也称为熔断器的额定电流；另一种是熔体的额定电流。为了减少熔断器的规格，熔管的额定电流等级通常较少，而熔体的额定电流等级则相对较多。在同一规格的熔管内，可以安装多种不同额定电流的熔体，但熔体的额定电流必须小于或等于熔管的额定电流。

3. 熔断电流

熔断电流是指通过熔体并使其熔化的最小电流。

部分系列熔断器的主要技术数据见表 1-2。

表 1-2 部分系列熔断器的主要技术数据

类别	型号	额定电压/V	额定电流/A	熔断电流/A
螺旋式	RL-15 RL-60 RL-100 RL-200	500	15 60 100 200	2、4、6、10、15 20、25、30、35、40、50、60 60、80、100 100、125、150、200
快速熔断器	RLS2	500	30 60 100	16、20、25、30 35、45、50、60 75、80、90、100
无填料管式	RM10-15 RM10-60 RM10-100 RM10-200 RM10-350 RM10-600	AC200、380 500 DC220、440	15 60 100 200 350 600	6、10、15 15、20、25、35、45、60 60、80、100 100、125、160、200 200、225、260、300、350 350、430、500、600
有填料管式	RT0-100 RT0-200 RT0-400 RT0-600	AC380 DC440	100 200 400 600	30、40、50、60、100 120、150、200、250 300、350、400、450 500、550、600
插入式	RC1A-5 RC1A-10 RC1A-15 RC1A-30 RC1A-60 RC1A-100 RC1A-200	380	5 10 15 30 60 100 200	3、5 3、5、10 5、10、15 20、25、30 40、50、60 80、100 120、150、200

四、熔断器的选用

（1）主要根据负载的过载特性和短路电流的大小来选择熔断器的类型。例如：对于容量较小的电动机或照明电路的保护，可使用 RC1A 系列或 RM10 系列无填料密封管式熔断器；对容量较大的照明电路或电动机的保护，短路电流较大的电路或有易燃气体的地方，应采用螺旋式或有填料密封管式熔断器；用于半导体元件保护的，则应采用快速熔断器。

（2）熔断器的额定电压应大于或等于实际电路的工作电压。

（3）熔断器的额定电流应大于或等于所装熔体的额定电流。

五、熔断器安装、使用

(1)插入式熔断器应垂直安装。对于螺旋式熔断器，其底座必须牢固，电源线应接在瓷底座的下接线座，负载线应接在螺纹壳的上接线座。这样在更换熔管时，螺帽旋出后螺纹壳不会带电，确保操作安全。

(2)安装熔断器时，各级熔体应相互配合，并确保下一级熔体的规格小于上一级熔体的规格。

(3)安装熔丝时，熔丝应顺时针方向缠绕在螺栓上，并压在垫圈下。拧紧螺钉时应施加适当的力，以确保接触良好，同时避免损伤熔丝，以防横截面积减小而使得局部发热，导致误操作。

(4)更换熔体或熔管时，必须先切断电源，特别是在带负荷情况下操作，以免引发电弧灼伤。

(5)对于 RM10 系列熔断器，在切断相当于分断能力的电流超过三次后，必须更换熔管，以确保可靠地切断规定的分断能力电流。

(6)熔断器应安装在相线上。在三相四线制的中性线上严禁安装熔断器，而在单相二线制的零线上则必须安装熔断器。

(7)当熔断器兼做隔离器件使用时，应安装在控制开关电源的进线端；若仅作为短路保护使用，应安装在控制开关的出线端。

(8)熔断器及熔体的容量应与所保护的电气设备容量相匹配。对于后备保护、限流、自复或半导体器件保护等具有专用功能的熔断器，严禁替代使用。

(9)熔断器的安装位置及相互间距应方便熔体更换。

(10)带有熔断指示器的熔断器，其指示器应安装在易于观察的一侧。

(11)在金属底板上安装瓷质熔断器时，底座应垫上软绝缘衬垫。

(12)安装具有不同规格的熔断器时，应在底座旁标明其规格。

常用低压熔断器的故障现象及处理方法如表 1-3 所示。

表 1-3 常用低压熔断器的故障现象及处理方法

故障现象	产生原因	修理方法
电动机启动瞬间熔体即熔断	熔体规格选择太小 负载侧短路或接地 熔体安装时损伤	调换适当的熔体 检查短路或接地故障 调换熔体
熔丝未熔断但电路不通	熔体两端或接线端接触不良 熔断器的螺帽盖未旋紧	清扫并旋紧接线端 旋紧螺帽盖

【巩固练习】

1. 描述熔断器的工作原理，并解释其在电路保护中的作用。
2. 解释为什么熔断器在大电流通过时会熔断，并讨论其优缺点。

技能训练　低压小型封闭式熔断器拆装检查

一、目的要求

（1）熟悉常用低熔断器的内、外部结构。

（2）学会使用检测仪器、仪表对常用低压熔断器进行检查。

二、工具、仪表及器材

（1）元件：实训用小型封闭式熔断器（RT-18/32）1只（配2~6 A熔芯）。

（2）工具：一字螺钉旋具、十字螺钉旋具、尖嘴钳等常用电工工具。

（3）测量仪表：三位半数字万用表等。

（4）实训用电源工作台：1台。

（5）耗材：熔芯等。

三、步骤

1. 检查前准备

（1）检查熔断器应先清理熔断器的外表及外部，检查附件是否损坏或缺少，操作手柄是否开闭灵活。检查测量仪表是否齐全完备。

（2）核对并记录熔断器铭牌的技术参数，不同型号适配的熔芯不一样。

2. 检查

（1）打开熔断器上盖进行常规检查，取出熔芯，检查动触点、静触点是否有烧蚀现象。

（2）检查绝缘是否有炭化、金属粉末附着。

（3）测量熔芯是否熔断。

（4）装好熔芯，检查整体通断。

3. 完成工作记录表

步骤	计划工作内容	工作过程记录
1	实训器材准备	
2	外部检查，参数记录	
3	按拆卸步骤进行拆卸	
4	检查机构是否灵活、是否有烧蚀或损坏情况，检查熔芯是否有熔断等情况，按组装步骤恢复熔断器	
5	素养目标考核	

四、注意事项

（1）拆卸熔断器时，应备有盛放零件的容器，以防丢失零件。

（2）拆卸过程中，不允许硬撬。

（3）拆卸过程中，以防损坏电器。遇到安装复杂的元件、组件或黏合、铆接成整体的元件，不要再进一步拆解，避免电器元件无法恢复。

五、评分标准

序号	评价内容	配分	评分标准	扣分	得分
1	实训器材准备	10	(1)工具准备完整性5分； (2)元件、仪表、耗材准备完整性5分		
2	外部检查，参数记录	10	(1)外表检查5分； (2)记录铭牌参数5分		
3	按拆卸步骤进行拆卸	5	(1)开启熔断器3分； (2)取出熔芯2分		
4	检查机构是否灵活、是否有烧蚀或损坏情况，检查熔芯是否有熔断等情况，按组装步骤恢复熔断器	70	(1)导电体的目测检查与记录10分； (2)机构检查与记录10分； (3)静触点烧蚀、损坏检查与记录15分； (4)配件检查与记录10分； (5)熔芯通断检查与记录15分； (6)其他检查与记录10分		
5	素养目标考核	5	(1)环境整洁1分； (2)工具、仪表摆放整齐1分； (3)遵守安全规程1分； (4)积极进取，礼貌待人，团结协作1分； (5)认真阅读思政小文章，写出读后感想1分		
合计		100			

任务四　接触器

【学习目标】

1. 掌握接触器的基本结构和工作原理，了解其在控制电路中如何实现电气连接和分断。
2. 理解接触器的电磁吸合机制及其在控制系统中的作用。
3. 熟悉接触器在不同应用场合中的选择标准和使用方法。
4. 了解接触器的保护措施，如灭弧装置、过载保护等。

【学习要点】

1. 了解接触器的构造，包括电磁铁、触头系统、灭弧装置、辅助触头等部分。
2. 理解接触器在通电和断电过程中的电磁吸合与释放原理。
3. 了解接触器的关键参数，如额定电流、额定电压、接触能力等。
4. 了解接触器的保护装置，如热继电器与过载保护的配合使用。
5. 学习接触器的维护与检查，如触头的清洁、磨损检测、电磁铁的工作状态检查等。

接触器是一种自动控制电器，主要用于远距离频繁地接通和切断交流或直流主电路及大容量控制电路。它的主要控制对象是电动机，但也可用于控制其他电力负载，如电热器、电照明、电焊机和电容器组等。接触器具有操作频率高、使用寿命长、工作可靠、性能稳定和维护方便等优点。此外，它还具备低压释放保护功能。因此，在电力拖动和自动控制系统中，接触器是应用最广泛的控制电器之一。

一、接触器的分类

1. 直流接触器

直流接触器主要用于远程接通和断开直流电路，广泛应用于直流电动机的频繁启停、反转和反接制动。其结构和工作原理与交流接触器基本相似，由电磁机构、触点系统和灭弧装置构成。电磁机构采用棱角转动式铁芯设计，由于线圈通入的是直流电，铁芯不会产生涡流，因此可以使用整块铸铁或铸钢制造，无需短路环。触点系统包括主触点和辅助触点，其中主触点用于承载较大电流，采用滚动接触的指形设计，而辅助触点则负责较小电流，采用点接触的桥式结构。由于直流电弧比交流电弧更难熄灭，因而直流接触器采用了磁吹灭弧装置和石棉水泥灭弧罩来增强灭弧效果。由于直流电没有冲击启动电流，因此在接触器吸合时不会产生强烈的撞击，延长了设备的使用寿命，特别适合在需要频繁操作的环境中使用。

2. 交流接触器

1）交流接触器的结构

交流接触器主要由电磁机构、触点系统和灭弧装置三部分组成，其外形与结构如图1-13所示。电磁机构由线圈、铁芯和衔铁组成，铁芯通常为双E形衔铁直动式，有些衔铁采用绕轴转动的拍合式设计。触点系统包括主触点和辅助触点，其中主触点用于接通和断开主电路或大电流电路，分为桥式触点和指形触点两种类型；辅助触点则用于控制电路中接通或断开其他元件的电路，并实现电气联锁功能。在灭弧装置方面，大容量的交流接触器通常配备纵缝灭弧罩和灭弧栅片，以增强灭弧效果；而小容量的交流接触器则多采用电动力吹弧或灭弧罩进行灭弧。

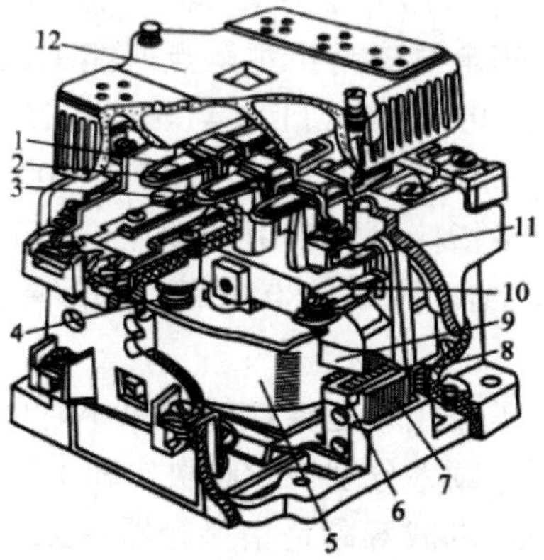

图1-13　交流接触器结构图

1—压簧；2—桥式触电；3—静触点；4—分断弹簧；5—线圈；6—分磁环；7—静铁芯；8—缓冲弹簧；9—衔铁；10—常开辅助触点；11—常闭辅助触点；12—灭弧罩

2)交流接触器的工作原理

接触器的线圈通电后,会产生磁场,使铁芯产生足以克服反作用弹簧弹力的电磁吸力,从而吸合衔铁,导致常开触点闭合,常闭触点断开。当接触器线圈断电或电压显著下降时,电磁吸力减弱或消失,触点在反作用弹簧的作用下恢复到原始状态。

二、接触器的型号及技术数据

1. 接触器的型号含义

接触器的型号含义如图 1-14 所示。

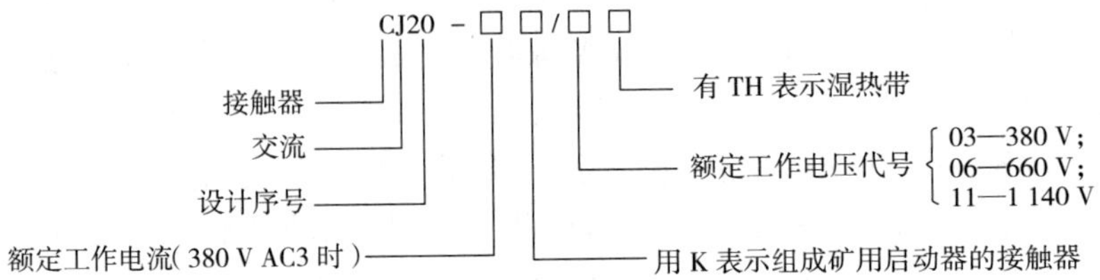

图 1-14 接触器的型号含义

2. 接触器的图形符号与文字符号

接触器的图形符号与文字符号如图 1-15 所示。

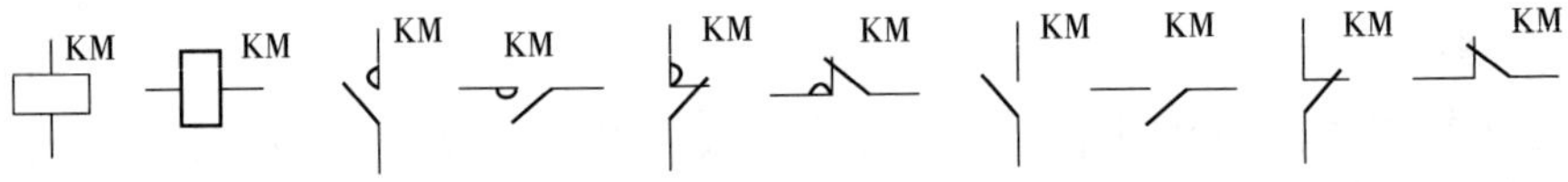

(a)线圈 (b)常开主触点 (c)常闭主触点 (d)常开辅助触点 (e)常闭辅助触点

图 1-15 接触器的图形符号与文字符号

3. 接触器的主要技术数据

(1)额定电压:接触器的额定电压是指主触点在正常工作时所需的电压,即主触点所在电路的电源电压。交流接触器的常见额定电压等级包括 127 V、220 V、380 V 和 660 V;直流接触器的常见额定电压等级则有 110 V、220 V、440 V 和 660 V。

(2)额定电流:接触器的额定电流是指主触点所能承载的最大电流。交流接触器的额定电流等级通常为 10 A、20 A、40 A、60 A、100 A、150 A、250 A、400 A 和 600 A,而直流接触器的额定电流等级则为 40 A、80 A、100 A、150 A、250 A、400 A 和 600 A。

(3)线圈的额定电压:这是指接触器吸引线圈在正常工作时所需的电压。交流线圈的额定电压通常为 36 V、127 V、220 V 和 380 V;而直流线圈的额定电压则包括 24 V、48 V、110 V、220 V 和 440 V。

(4)允许操作频率:允许操作频率是指接触器每小时内可以进行的最大操作次数。对于交流和直流接触器,额定操作频率分别为 600 次/h 和 1 200 次/h。

(5)机械寿命与电气寿命:机械寿命是指接触器在无需修理或更换零件前所能承受的无载操作次数;电气寿命则是在规定的正常工作条件下,接触器在无需修理或更换零件前能够承受的有载操作次数。

（6）接触器线圈的启动功率与吸持功率：交流接触器的启动视在功率通常是吸持视在功率的5~8倍；而直流接触器的启动功率与吸持功率相同，吸持功率即为线圈的工作功率。

（7）主触点的接通与分断能力：主触点的接通与分断能力是指在规定条件下，主触点能够可靠接通与断开电路的电流值。主触点在接通时不会发生熔焊，而在分断时不会产生长时间的电弧。

接触器用于不同负载时，对主触点的连通和分断能力要求也不同。常见的接触器使用类别、典型用途及主触点的接通和分断能力见表1-4。

表1-4　常见的接触器使用类别、典型用途及主触点的接通和分断能力

电流种类	使用类别	主触点的接通和分断能力	典型用途
AC（交流）	AC1	允许接通和断开额定电流	无感或微感负载，电阻炉
	AC2	允许接通和断开4倍额定电流	笼型异步电动机的启动和制动
	AC3	允许接通6倍额定电流和断开额定电流	笼型异步电动机的启动和运转中断开
	AC4	允许接通和断开6倍额定电流	笼型异步电动机的启动、反转、反接制动和点动
DC（直流）	DC1	允许接通和断开额定电流	无感或微感负载，电阻炉
	DC2	允许接通和断开4倍额定电流	并励直流电动机的启动、反转、反接制动和点动
	DC3	允许接通和断开4倍额定电流	串励直流电动机的启动、反转、反接制动和点动

4. 接触器的选用

（1）选择交流或直流接触器。应根据负载电流的类型决定使用交流接触器还是直流接触器。在三相交流系统中，通常选择三极交流接触器；当需要同时控制中线时，选择四极交流接触器。对于单相交流系统和直流系统，常用二极或三极接触器。一般情况下，选择电磁式接触器；在易燃易爆环境中，应选用防爆型或真空接触器。

（2）依据工作任务选择使用类别。根据接触器所控制负载的工作任务（轻任务、一般任务或重任务）来选择合适的接触器使用类别。如果负载属于一般任务，选用AC3类别；若为重任务，则选用AC4类别；如果负载包含一般任务与重任务的混合情况，可以根据实际需求选择AC3或AC4类别。如果选择AC3类别，接触器的容量应降低一级使用。

（3）根据负载功率和操作情况确定电流等级。接触器主触点的电流等级应根据负载的功率和操作情况来确定。当接触器的使用类别与所控制负载的工作任务相匹配时，可按负载电流值确定主触点的额定电流值；如果不匹配，则需降低主触点电流等级。

（4）根据电压等级选择接触器。接触器主触点的额定电压应与主电路的接通和断开电压等级相符。

（5）确定线圈的额定电压。接触器吸引线圈的额定电压由控制电路的电压来决定。

（6）触点数与种类的选择。接触器的触点数量和种类应满足主电路和控制电路的要求。

三、接触器的安装及维护

1. 接触器的安装

在安装接触器之前,应首先确认线圈电压是否符合使用要求,并将铁芯极面的防锈油擦拭干净,以避免线圈断电后铁芯无法正常释放。同时,检查接触器的活动部件是否运转正常,例如触点是否接触良好,有无卡阻现象等。安装交流接触器时,要注意底面与安装平面的倾斜角度应小于 5°。若接触器带有散热孔,应将有孔的一面垂直放置,以利于散热。安装时要按照规定预留足够的飞弧空间,以防飞弧损坏相邻器件。此外,安装过程中要避免零件掉入电器内部,以免引发卡阻或短路。安装孔的螺钉应配备弹簧垫圈和平垫圈,并拧紧螺钉以防松动。交流接触器的灭弧罩应保持完好无缺,并且固定牢固。接线完成后,应先在主触点不带电的情况下操作几次,确认无误后,再将主触点接入负载运行。

2. 接触器的日常维护

(1)应定期对接触器进行检查,检查螺钉是否松动,并确保可动部件运转灵活。

(2)接触器的触点应定期清理,保持其表面清洁,且不得涂抹油脂。如发现触点因电灼作用而产生金属颗粒,应及时清除。

(3)在拆装过程中,要小心保护灭弧罩,避免损坏。对于带有灭弧罩的接触器,严禁在没有灭弧罩或灭弧罩损坏的情况下使用,以防电弧短路故障的发生。

【巩固练习】

1. 描述接触器的工作原理,并分析其在电气控制中的作用。
2. 解释接触器为什么能控制大功率设备的开关,并讨论其优缺点。

技能训练 接触器拆装检查

一、目的要求

(1)熟悉常用接触器的内、外部结构。

(2)学会使用拆装工具和检测仪表对常用接触器进行拆装检查。

二、工具、仪表及器材

(1)元件:拆装用接触器(CJX1、CJX2、CJ20)任选 2 只。

(2)工具:一字螺钉旋具、十字螺钉旋具、尖嘴钳等常用电工工具。

(3)测量仪表:三位半数字万用表等。

(4)实训用电源工作台:1 台。

(5)耗材:按需提供。

三、步骤

1. 检查前准备

（1）清理接触器的外表，检查外部、附件是否损坏或缺少，检查拆装用工具、测量仪表是否齐全完备。

（2）核对并记录好接触器铭牌的技术参数。

（3）检查动触点及衔铁、触点支架所组成的动作机构是否动作灵活。

2. 检查

（1）检查接触器各相绝缘间隔是否有炭化、金属粉末附着；检查动触点、静触点是否完整和有烧蚀情况；检查电磁线圈是否有绝缘损坏或过热现象；检查衔铁与铁芯接触面是否有油污、锈蚀现象等。

（2）动触点、静触点烧蚀面积≥50%时应予以维修或更换；对有轻微烧蚀和金属粉末附着处则进行清除，严重时应予以更换或报废；测量绝缘电阻值≥0.5 MΩ。

3. 通电试验

修复后的接触器要进行通电试验检查。

4. 完成工作记录表

步骤	计划工作内容	工作过程记录
1	实训器材准备	
2	外部检查，参数记录	
3	按拆卸步骤进行拆卸	
4	测量接触器是否绝缘，检查电器外壳是否正常，检查动作机构是否灵活或损坏，检查动触点、静触点是否有严重烧蚀或损坏的情况，检查衔铁、线圈是否完整等	
5	素养目标考核	

四、注意事项

（1）拆卸接触器时，应备有盛放零件的容器，以防丢失零件。

（2）拆卸接触器的过程中，不允许硬撬，以防损坏电器。

五、评分标准

序号	评价内容	配分	评分标准	扣分	得分
1	实训器材准备	5	(1)工具准备完整性 2 分; (2)元件、仪表、耗材准备完整性 3 分		
2	做好所拆装检查接触器外部部件标记	5	(1)接触器识别 2 分; (2)记录外壳标记铭牌参数 3 分		
3	按拆卸步骤进行拆卸接触器	20	(1)取下端子防护罩 5 分; (2)卸下静触点端子螺栓,取下静触点 5 分; (3)拆卸接触器壳体螺栓,取下上壳体及取下动触点组(动衔铁)5 分; (4)取下复位弹簧和线圈组及下衔铁 5 分		
4	测量接触器是否绝缘,检查电器外壳是否正常,检查动作机构是否灵活或损坏,检查动触点、静触点是否有严重烧蚀或损坏的情况,检查衔铁、线圈是否完整等	45	(1)电器外壳检测与记录 5 分; (2)各相绝缘间隔检查与记录 5 分; (3)动触点、静触点检查与记录 5 分; (4)衔铁检查与记录 5 分; (5)电磁线圈检查与记录 5 分; (6)通断检查与记录 5 分; (7)其他检查与记录 5 分; (8)对衔铁动触点、静触点进行修理或更换 5 分; (9)对定位或复位弹簧检查与记录 5 分		
5	按组装步骤进行接触器组装和通电试验检查	20	(1)动触点恢复安装 5 分; (2)安装衔铁、线圈、复位弹簧、螺栓等 5 分; (3)安装静触点、防护盖、紧固螺栓 5 分; (4)通电试验检查 5 分		
6	素养目标考核	5	(1)环境整洁 1 分; (2)工具、仪表摆放整齐 1 分; (3)遵守安全规程 1 分; (4)积极进取,礼貌待人,团结协作 1 分; (5)认真阅读思政小文章,写出读后感想 1 分		
合计		100			

任务五 继电器

【学习目标】

1. 掌握继电器的基本结构和工作原理,了解其如何通过电磁感应或其他原理实现控制信号的传递。

2. 理解继电器的触点转换机制及其在控制电路中的作用。

3. 了解不同类型继电器的特点、工作原理及其适用范围,如电磁继电器、固态继电器、时间继电器、热继电器等。

4. 了解继电器的保护功能及其在复杂控制系统中的作用。

【学习要点】

1. 了解继电器的构造,包括电磁线圈、动静触点、弹簧等部分。
2. 理解继电器的工作过程:当线圈通电时,动触点与静触点闭合或断开,从而控制电路。
3. 掌握每种继电器的工作原理及其在不同应用场合中的作用和选择标准。
4. 掌握继电器与其他元件(如接触器、按钮开关、传感器等)的配合使用。
5. 掌握继电器的正确安装方法,确保其与电路连接牢固、工作稳定。
6. 学习继电器的常见故障及排查方法,如触点粘连、线圈烧毁、接触不良等问题的解决方法。

继电器是一种自动电器,通过响应电量(如电压、电流等)或非电量(如温度、时间、转速等)的变化来接通或断开小电流控制电路。继电器在控制电路中起到控制和保护的作用。继电器的种类繁多,按照其反应的信号可以分为电压继电器、电流继电器、中间继电器、时间继电器、速度继电器和热继电器等。

一、电磁式继电器

1. 电磁式继电器的结构

电磁式继电器的结构和工作原理与电磁式接触器类似,其结构图如图 1-16 所示。电磁式继电器由电磁机构和触点系统组成。由于继电器的触点通常处于控制电路中,电流较小,其触点的额定电流不超过 5 A,因此无需配备灭弧装置。然而,为了满足不同的控制需求,继电器配有调节装置以调整其动作参数。

交流继电器的电磁机构可能采用 U 形拍合式、E 形直动式或螺管式结构。铁芯和衔铁通常由硅钢片叠制而成,并在铁芯柱端面上嵌有短路环。而直流继电器的电磁机构一般采用 U 形拍合式,铁芯和衔铁均由电工软铁制成。为了调整衔铁闭合后的气隙,衔铁内侧面上装有非磁性垫片,铁芯则铸在铝基座上。

继电器的触点通常为桥式触点,有常开和常闭两种类型。为了调整继电器的动作参数,继电器配有调节螺钉,用于改变反作用弹簧的松紧度,还配有调整衔铁释放时初始状态磁路气隙的非磁性垫片。

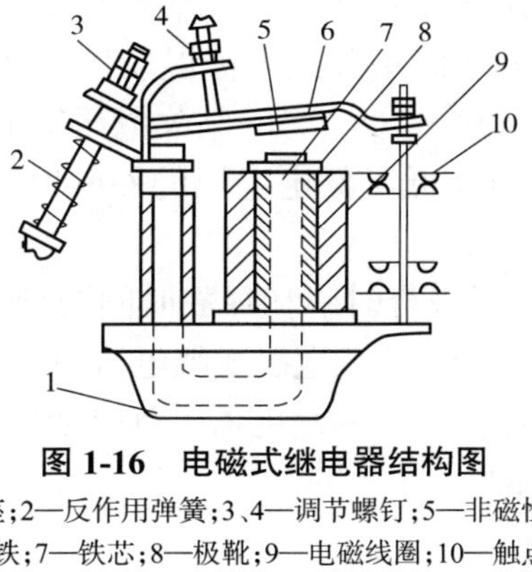

图 1-16　电磁式继电器结构图

1—底座;2—反作用弹簧;3、4—调节螺钉;5—非磁性垫片;
6—衔铁;7—铁芯;8—极靴;9—电磁线圈;10—触点系统

2. 电磁式继电器的型号含义

电磁式继电器的型号含义如图 1-17 所示。

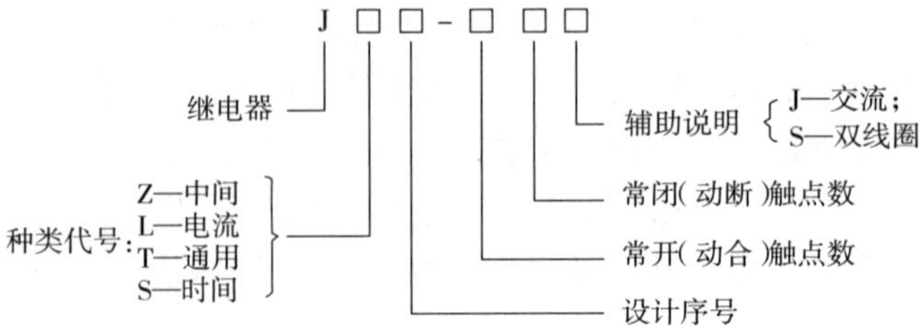

图 1-17 电磁式继电器的型号含义

3. 电磁式继电器的图形符号与文字符号

电磁式继电器的图形符号与文字符号如图 1-18 所示。

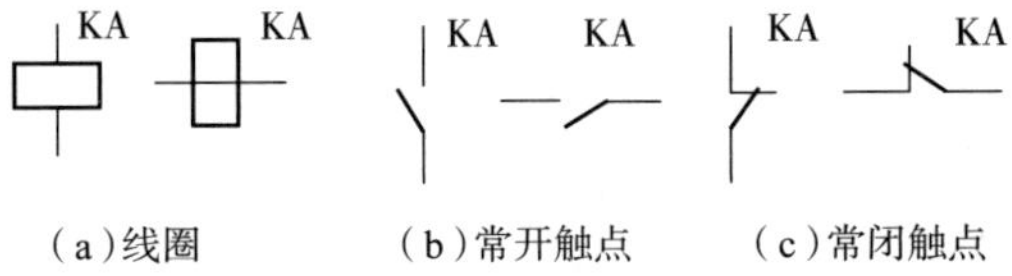

图 1-18 电磁式继电器的图形符号与文字符号

4. 电磁式继电器的主要技术数据

(1)额定参数：继电器的线圈在正常工作时允许承受的电压称为继电器的额定电压；而继电器触点在正常工作时所能通过的最大电流称为继电器的额定电流。

(2)动作参数：动作参数是指继电器的吸合值和释放值。对于电压继电器，这些参数包括吸合电压和释放电压；而对于电流继电器，则包括吸合电流和释放电流。

(3)整定值：整定值是根据控制需求对继电器的动作参数进行调整后的数值。

(4)返回系数：返回系数 K 是继电器的释放值与吸合值的比值，$K = X_2/X_1$。通过调节反作用弹簧的松紧程度(拧紧弹簧会增加 K 值，放松会降低 K 值)，或调整铁芯与衔铁之间非磁性垫片的厚度(增加垫片厚度会增加 K 值，减少厚度会降低 K 值)来改变 K 值。不同的应用场合对 K 值有不同的要求。例如，一般继电器的返回系数较小，通常为 $K = 0.1 \sim 0.4$，以避免在输入量波动较大时引起继电器误动作，从而保持吸合状态。而欠电压继电器则需要较大的返回系数，通常 $K>0.6$。如，某欠电压继电器的返回系数 $K = 0.66$，吸合电压为额定电压的 90%，则当电压低于额定电压的 60%时，继电器会释放，从而实现欠电压保护。

(5)动作时间：动作时间包括吸合时间和释放时间两种。吸合时间是指从线圈接收到电信号到衔铁完全吸合所需的时间。一般电磁式继电器的吸合时间为 0.05~0.2 s，小于 0.05 s 的继电器为快速动作继电器，大于 0.2 s 的继电器为延时动作继电器。释放时间是指从线圈断电到衔铁完全释放所需的时间。

5. 电磁式继电器的分类

1）电磁式电流继电器

当触点的动作与线圈电流大小相关时，这种继电器称为电流继电器。电流继电器的电流线圈匝数较少但线径较粗，通常串联在电路中。电流继电器可以分为过电流继电器和欠电流继电器两种。

过电流继电器在正常工作时，线圈中流过负载电流，但不会产生吸合动作。当电流超过负载工作电流，达到吸合电流时，衔铁会产生吸合动作，带动触点动作。过电流继电器常用于电路的过电流保护。

欠电流继电器在正常工作时，由于电路中负载电流大于吸合电流，衔铁处于吸合状态。当电路电流降低至释放电流时，衔铁会释放，继而带动触点动作。

2）电磁式电压继电器

当继电器的触点动作与线圈电压大小相关时，这种继电器称为电压继电器。电压继电器的线圈通常匝数较多且线径较细，使用时并联在电路中。根据吸合电压的不同，电压继电器可以分为过电压继电器和欠电压继电器。

过电压继电器在线圈电压为额定电压时，衔铁不会吸合。只有当线圈电压超过额定电压的某一特定值时，衔铁才会吸合并带动触点动作。

欠电压继电器在正常电压下，衔铁处于吸合状态，带动触点动作；当电压低于某一特定值时，衔铁释放。欠电压继电器的特点是其释放电压较低，通常用于电路中的低电压保护。

3）电磁式中间继电器

在控制电路中，用于信号传递、放大、翻转和分路等中继功能的继电器称为中间继电器。中间继电器是一种将单一输入信号转换为一个或多个输出信号的控制电器，本质上属于电压继电器，因此通常并联在电路中。由于中间继电器具有较多的触点，因此它能够扩大控制范围。

中间继电器分为交流和直流两种，分别应用于交流和直流控制电路。在选用时，需要确保继电器线圈的电流种类和电压等级与控制电路相符。如果一个中间继电器的触点数量不够，可以通过并联两个继电器来增加触点的数量。

中间继电器体积小巧，动作灵敏度高，在电流小于 10 A 的电路中，甚至可以代替接触器进行控制。然而，中间继电器与接触器的主要区别在于：中间继电器通常没有主触点，过载能力较弱，而接触器的主触头能够承载大电流；中间继电器的触点只能承载较小电流，因此只能应用于控制电路中。此外，中间继电器的所有触点都是辅助触点，且数量较多。

6. 电磁式继电器的选用

（1）继电器通常用于控制接触器的线圈，即用于控制交流或直流电磁铁。因此，继电器的使用类别为 AC11（控制交流电磁铁负载）和 DC11（控制直流电磁铁负载）。

（2）在对应的使用类别下，选择电流继电器时，应确保继电器线圈的电流类型和等级与负载电路匹配；选择电压继电器时，继电器线圈的电流类型和电压等级应与控制电路一致。

（3）继电器的工作制应与其应用场合的工作制相匹配，并且继电器的额定操作频率应高于实际使用场合的操作频率。

(4)应根据控制需求调整电压和电流继电器的返回系数。通常可以通过增加衔铁吸合后的气隙、减小衔铁打开后的气隙或适当拧紧反作用弹簧等措施来增大返回系数。

(5)根据控制电路的要求选择继电器的触点类型(常开或常闭)和触点数量。

二、时间继电器

1. 直流电磁式时间继电器

直流电磁式时间继电器的工作原理是:在电磁式电压继电器的铁芯上套上一个阻尼铜套,结构图如图 1-19 所示。根据电磁感应定律,在继电器通电和断电的过程中,铜套内会感生涡流,这种涡流阻碍了通过铜套内的磁通变化,从而对原有的磁通产生阻尼作用。

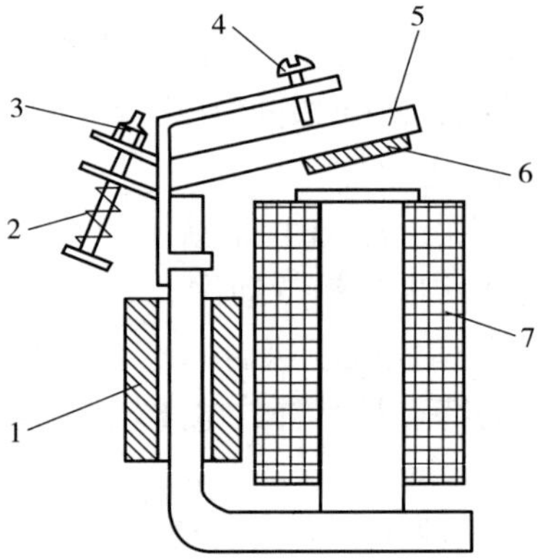

图 1-19 直流电磁式时间继电器结构示意图

1—阻尼套筒;2—反作用弹簧;3—调节螺母;4—调节螺钉;
5—衔铁;6—非磁性垫片;7—电磁线圈

当继电器通电并吸合时,由于此时衔铁处于释放状态,气隙较大,磁阻较大,磁通较小,因此铜套的阻尼作用较小,导致衔铁吸合的延时时间并不显著,通常可以忽略不计。而在继电器断电时,衔铁处于吸合状态,此时气隙较小,磁阻小,磁通变化大,铜套的阻尼作用增强,磁通下降到衔铁释放所需磁通的时间被延长,从而导致衔铁延迟释放,相应触点的动作也被延时。这个延时时间通常为 0.3~5 s。

延时时间的长短可以通过调整铁芯与衔铁之间的非磁性垫片的厚度(粗调)或者调节反作用弹簧的松紧度(细调)来进行控制。垫片越厚,延时越短;反之则延时越长。反作用弹簧越紧,延时越短;反之则延时越长。

直流电磁式时间继电器具有结构简单、寿命长、可频繁通电等优点,但仅适用于直流电路,并且只能实现断电延时,延时时间较短,精度不高。

2. 空气阻尼式时间继电器

空气阻尼式时间继电器由电磁机构、延时机构和触点系统三部分组成,通过利用空气阻尼原理实现延时,如图 1-20 所示。该继电器有两种延时方式:通电延时和断电延时。其外观上的区别在于:若衔铁位于铁芯和延时机构之间,则为通电延时型;若铁芯位于衔铁和延时机构之间，则为断电延时型。

当线圈通电时，铁芯将衔铁吸合，活塞杆在塔形弹簧的作用下，带动活塞和橡皮膜向上移动，此时，橡皮膜下方的气室空气被稀释，形成负压。由于负压的存在，活塞杆只能缓慢上升，其上升速度由进气孔的气隙大小决定。经过一段时间后，橡皮膜上下方的压差减小，活塞杆移动速度加快，并通过杠杆触发微动开关（图 1-20 中 15），使其触点动作。延时时间是从线圈通电到微动开关动作的这段时间。

当线圈断电时，衔铁在反作用力弹簧的作用下将活塞推回最下端，此时橡皮膜下方的空气通过活塞肩部的单向阀迅速排出，活塞杆、杠杆和微动开关（图 1-20 中 15）迅速复位。

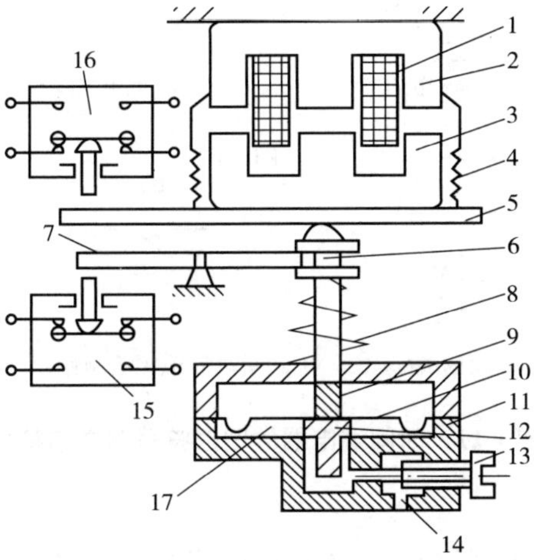

图 1-20　JS7-A 系列空气阻尼式时间继电器结构原理图

1—线圈；2—铁芯；3—衔铁；4—反作用力弹簧；5—推板；6—活塞杆；7—杠杆；8—塔形弹簧；9—弱弹簧；10—橡皮膜；11—气室壁；12—活塞；13—调节螺钉；14—进气孔；15、16—微动开关；17—气室

线圈无论是通电还是断电时，微动开关（图 1-20 中 16）在推板的作用下都会瞬时动作，其触点是继电器的瞬动触点。

空气阻尼式时间继电器具有结构简单、寿命长、延时范围广和价格低廉的优点。但由于其延时精度较低，适用于对延时精度要求不高的场合。

3. 电磁式继电器的型号含义

时间继电器的型号含义如图 1-21 所示。

图 1-21　时间继电器的型号含义

4. 电磁式继电器的图形符号与文字符号

时间继电器的图形符号与文字符号如图 1-22 所示。

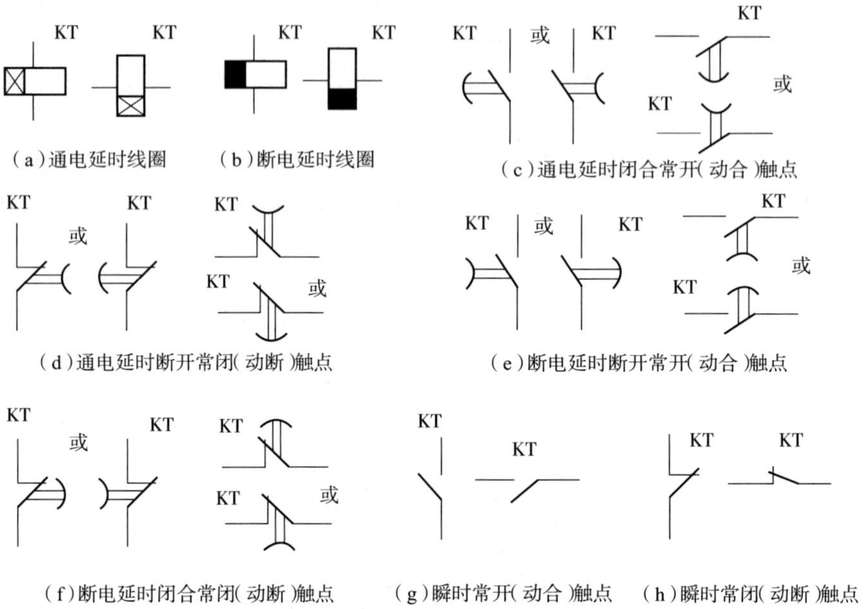

图 1-22 时间继电器的图形符号与文字符号

5. 时间继电器的选用

(1)在对延时要求不高的场合,通常选择直流电磁式或空气阻尼式时间继电器,其中以空气阻尼式时间继电器为主。对延时要求较高的场合,可以选用如 JS10、JS11、JS17 等系列的电动机式时间继电器,这些继电器具有高精度和较长的延时时间(从几分钟到数小时),但价格较高、结构复杂、寿命较短。另一选择是 JS20 系列等晶体管式时间继电器,它们具有高精度、长延时、体积小、调整方便、可集成化和模块化的优点,广泛应用于各种场合。

(2)选择继电器时,需要根据控制电路的电流种类和电压等级来确定线圈的额定电压值。

(3)根据控制电路的要求,选择通电延时型或断电延时型继电器,并考虑触点的动作方式是延时闭合还是延时分断。

(4)根据控制电路的要求,选择适当数量的延时触点和瞬动触点。

三、热继电器

1. 热继电器的结构及工作原理

热继电器利用电流的热效应和发热元件的热膨胀原理,专门设计用于三相交流电动机的过载保护。热继电器主要由三部分组成:热元件、双金属片和触点。其结构如图 1-23 所示。

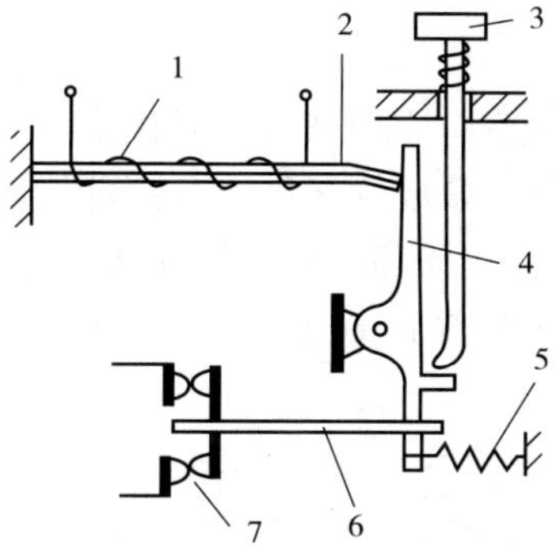

图 1-23　热继电器的结构示意图

1—发热原件；2—双金属片；3—复位按钮；4—扣板；5—拉簧；6—连板；7—常闭触头

在图 1-23 中，双金属片 2 是热继电器的感测元件，由两种线膨胀系数不同的金属片通过机械碾压结合而成。线膨胀系数较大的金属片称为主动层，线膨胀系数较小的金属片称为被动层。绕在双金属片上的发热元件 1 与电动机的主回路串联。当电动机正常工作时，虽然热元件产生的热量使双金属片发生弯曲，但尚不足以触发继电器动作。当电动机电流超过允许值时，发热元件产生的热量使双金属片受热并向上弯曲，导致扣板 4 脱扣。在拉簧 5 的作用下，通过连板 6 打开常闭触头 7，切断控制回路，迫使接触器跳开，从而保护电动机。

由于热继电器中的发热元件具有热惯性，它在电路中不能用于瞬时过载保护，更不能作为短路保护装置。因此，热继电器与过电流继电器和熔断器有所不同。

2. 热继电器的型号含义

热继电器的型号含义如图 1-24 所示。

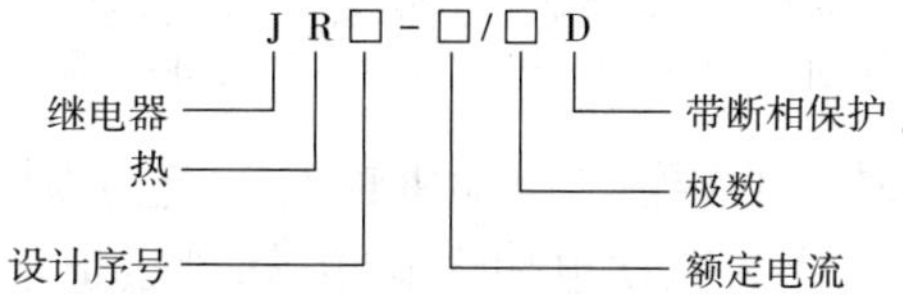

图 1-24　热继电器的型号含义

3. 热继电器的图形符号和文字符号

热继电器的图形符号和文字符号如图 1-25 所示。

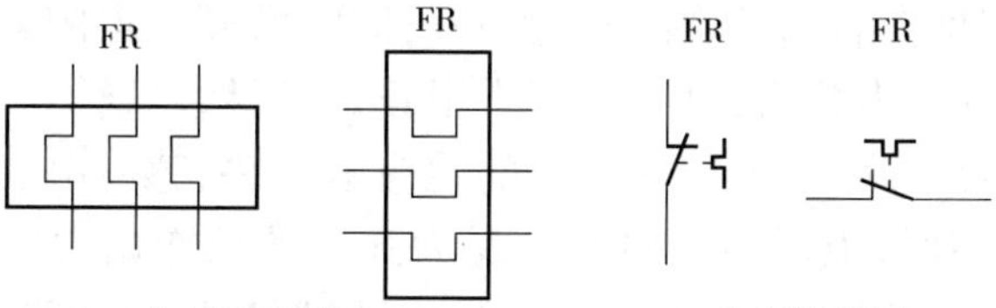

(a)发热元件　　(b)常闭触点

图 1-25　热继电器的图形符号和文字符号

四、速度继电器

感应式速度继电器利用电磁感应原理来实现对速度信号的控制,其结构主要由定子、转子和触点系统组成。定子由硅钢片叠成的笼型空心圆环构成,并嵌有笼型导条;转子是一个圆柱形永久磁铁;触点系统包含在正向和反向运转时各一组触点,每组有一对常开触点和常闭触点。速度继电器结构原理图如图 1-26 所示。

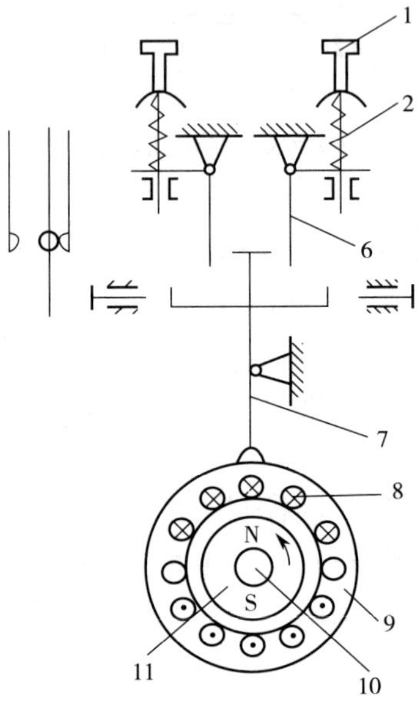

图 1-26　速度继电器结构原理图

1—调节螺钉;2—反力弹簧;3—常闭触点静触头;4—动触头;5—常开触点静触头;
6—返回杠杆;7—杠杆;8—定子导条;9—定子;10—转轴;11—转子

在使用过程中,继电器转子的转轴与电动机轴连接,定子则套在转子外围。当电动机带动继电器转子逆时针旋转时,永久磁铁也随之旋转,切割定子中的导条,产生感应电势和感应电流。根据右手定则,电流在导条上的方向决定了上面的导条为⊗,下面的导条为⊙。在磁场作用下,电流产生电磁力,其方向根据左手定则确定,上面的导条向右,下面的导条向左。这将产生一个与转子旋转方向一致的电磁转矩,使定子随转子旋转方向转动。由于右边的返回杠杆阻挡,定子只能向转子逆时针偏转一定角度,而不会继续旋转。当定子偏转到设定角度时,杠杆推动右边的常闭触点断开,同时常开触点闭合。杠杆在通过返回杠杆的同时会压缩右边的反力弹簧,其反作用力阻止定子继续偏转。当电动机转速下降时,继电器转子的转速也会下降,导致定子导条的感应电动势、感应电流和电磁转矩减小。当转子转速下降到一定值时,电磁转矩将小于反力弹簧的反作用力矩,定子将返回原位,继电器触点恢复原始状态。通过调节螺钉的松紧,可以调节反力弹簧的反作用力,从而调整触点动作所需的转子转速。通常,速度继电器的触点动作转速约为 140 r/min,而触点的复位转速为 100 r/min。

速度继电器的图形符号与文字符号如图 1-27 所示。

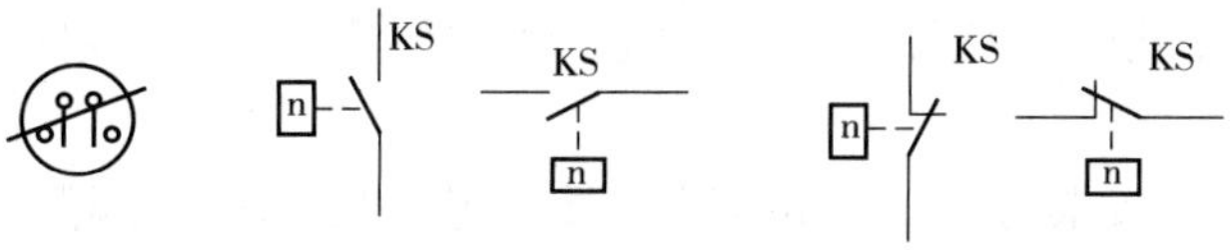

（a）转子　（b）常开触点　（c）常闭触点

图 1-27　速度继电器的图形符号与文字符号

速度继电器的选用主要根据电动机的额定转速、控制要求来决定。

五、干簧继电器

干簧继电器通过磁场的作用来驱动触点动作，主要由干簧管构成。干簧管内部包含了一组或多组导磁簧片，这些簧片被封装在充有惰性气体（如氦气或氮气）的玻璃管内。导磁簧片不仅具备导磁功能，还充当接触簧片，即控制触点。如图 1-28 所示，干簧继电器的结构有两种驱动方式：图 1-28（a）展示了通过外部线圈通电产生磁场来驱动继电器的方式；图 1-28（b）则展示了利用外部磁场直接驱动的方式。在磁场的作用下，干簧管内的两根导磁簧片分别被磁化为 N 极和 S 极，吸引在一起从而接通电路。当磁场消失后，簧片依靠自身的弹性分开，断开电路。干簧继电器通常应用于电梯控制电路中，常见的型号包括 JAG2-1 A 型和 JAG2-2 A 型。

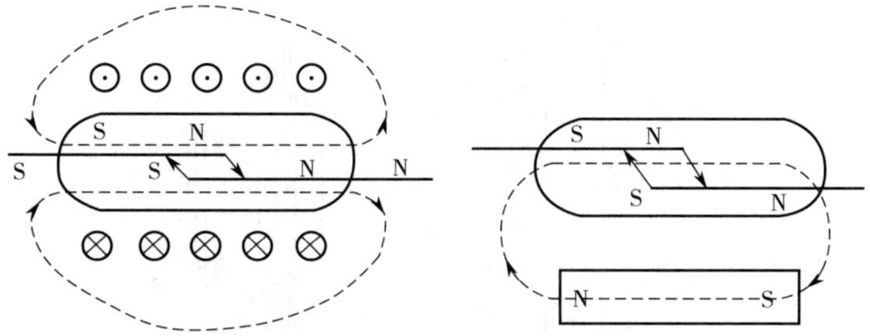

（a）线圈通电驱动型　（b）外磁场驱动型

图 1-28　干簧继电器结构示意图

干簧继电器的特点如下：

（1）触点与空气隔离，有效防止触点老化和污染；

（2）触点采用金或钯合金镀层，接触电阻稳定，寿命长，能达到 100 万~1 000 万次；

（3）动作速度快，通常为 1~3 ms，比一般继电器快 5~10 倍；

（4）与永久磁铁配合使用灵活方便；

（5）承受电压较低，通常不超过 250 V。

六、温度继电器

当电动机出现过载电流时，通常使用热继电器来提供过载保护。然而，热继电器的热元件是安装在电动机外部的主电路中，因此只能间接反映电动机内部绕组的温度变化，这样的测量并不够精确。如果电动机过热是由于其他因素引起的，例如环境温度过高或通风不良，而非过电流,热继电器就难以有效保护电动机。在这种情况下,应该使用基于温度原理动作的温度继电器。

温度继电器通常被安装在电动机的发热部位,例如电动机定子槽内或绕组端部,这样可以直接反映该区域的温度变化。不论是由于电动机本身的过载电流导致温度升高,还是其他原因导致的温度升高,温度继电器都能够有效地提供保护。

温度继电器有两种类型:双金属片式和热敏电阻式。以下介绍的是 JW2 系列的双金属片式温度继电器,其结构如图 1-29 所示。该继电器的封闭结构内包含一个盘式双金属片,双金属片的左侧为主动层,右侧为被动层。动触头固定在双金属片上,通过导电片与外壳连接片相连,静触头则与连接片相连。当电动机发热部位温度升高时,热量通过外壳传导至内部的双金属片。当温度达到一定阈值时,双金属片开始变形,双金属片和动触头会迅速向左方弹开,从而控制接触器断开电动机电源,实现过热保护。当故障排除后,发热部位温度降低,双金属片恢复原状,使触点重新闭合。双金属片式温度继电器的动作温度是根据电动机绕组的绝缘等级来划分的,分为 50 ℃、60 ℃、70 ℃、80 ℃、95 ℃、105 ℃、115 ℃、125 ℃、135 ℃、145 ℃和 165 ℃共 11 个规格。返回温度通常比动作温度低 5~40 ℃。双金属片式温度继电器的缺点是加工工艺复杂,且双金属片容易老化。

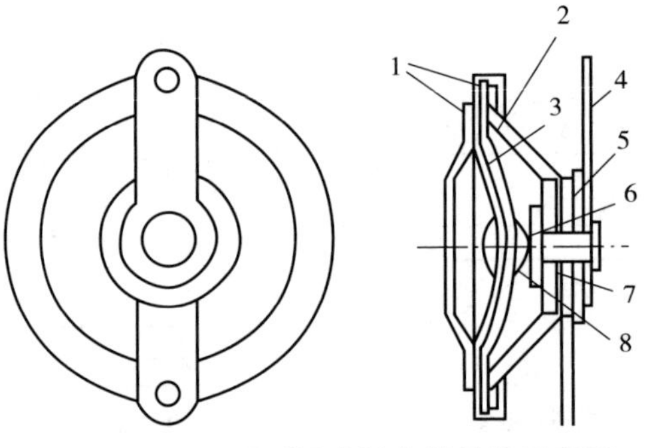

图 1-29 JW2 系列温度继电器结构示意图

1—外壳;2—双金属片;3—导电片;4—连接片;5,7—绝缘垫片;6—静触头;8—动触头

温度继电器常见的型号有 JW2、JW4、JW6 系列,具体型号含义如图 1-30 所示。

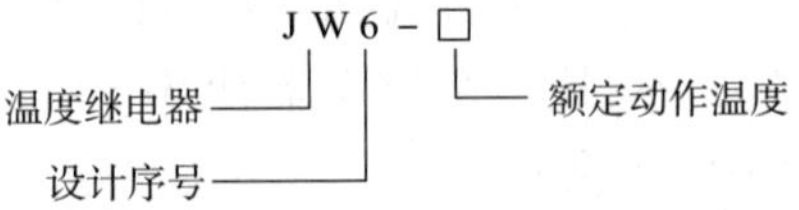

图 1-30 温度继电器的型号含义

温度继电器的图形符号与文字符号如图 1-31 所示。

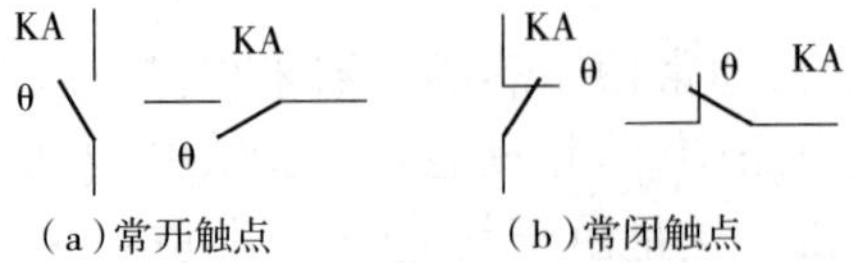

图 1-31 温度继电器的图形符号与文字符号

七、液位继电器

某些锅炉和水柜需要根据液位的变化来控制水泵电动机的启动和停止，这可以通过液位继电器来实现。

图 1-32 展示了液位继电器的结构示意图。浮筒放置在被控的锅炉或水柜内，浮筒的一端装有磁钢，而在锅炉外壁有一对触点。动触头的一端也装有磁钢，与浮筒上的磁钢相对应。当锅炉或水柜内的水位下降到下限位置时，浮筒下沉，导致浮筒的磁钢端绕支点 A 上翘。由于磁钢同极相斥，动触头的磁钢端被排斥下落，通过支点 B 使触点 1-1 接通，水泵电动机启动并开始供水，同时触点 2-2 断开。相反，当水位升高到上限位置时，浮筒上升，触点 2-2 接通，触点 1-1 断开，水泵电动机停止供水。显然，液位继电器的安装位置直接决定了所控制的液位高度。

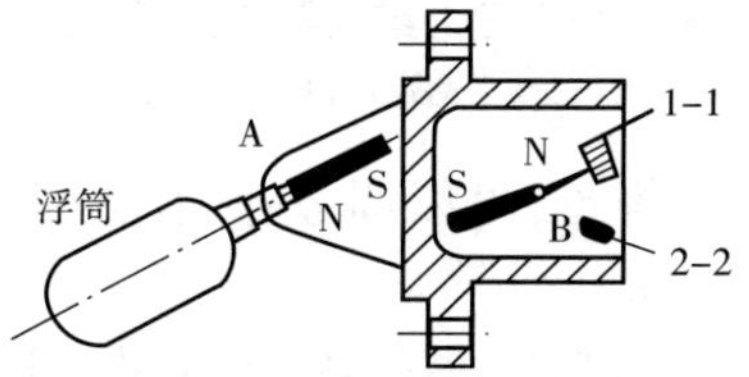

图 1-32　液位继电器结构示意图

液位继电器的图形符号与文字符号如图 1-33 所示。

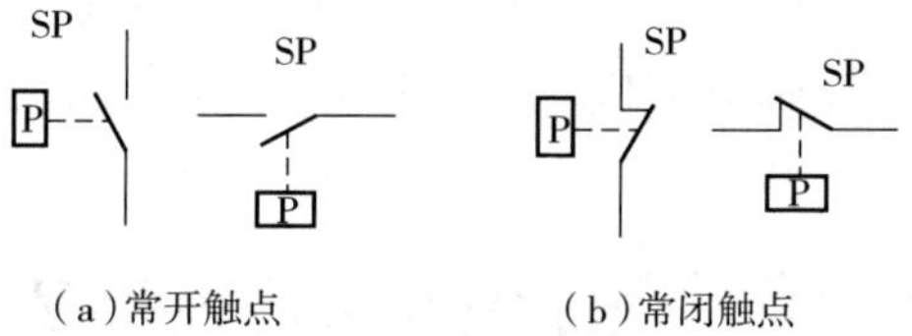

图 1-33　液位继电器的图形符号与文字符号

八、压力继电器

压力继电器广泛应用于各种气压和液压控制系统中，通过检测这些压力的变化来发出信号，从而控制电动机的启动和停止，提供必要的保护。

图 1-34 展示了压力继电器的结构示意图。该继电器由微动开关、给定装置、压力传送装置及继电器外壳等部分组成。给定装置包括给定螺母和平衡弹簧等，而压力传送装置则包括管道接头入油口、橡皮膜和滑杆等。当压力继电器用于机床润滑泵的控制时，润滑油通过管道接头入油口进入油管，压力传递到橡皮膜上。当油管内的压力达到预设值时，橡皮膜受到压力向上凸起，推动滑杆上移，压合微动开关，从而发出控制信号。

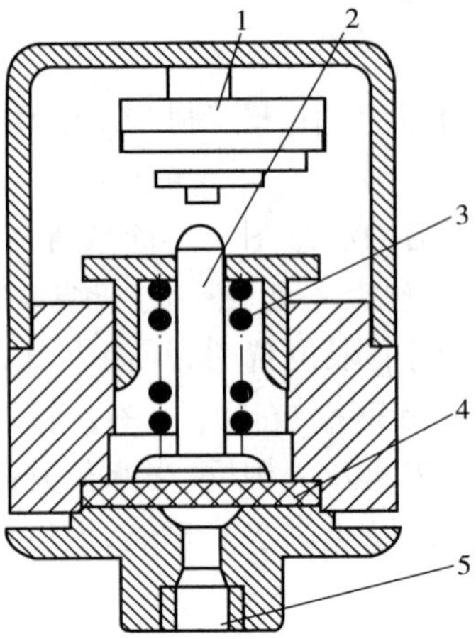

图 1-34 压力继电器结构示意图

1—微动开关;2—滑杆;3—平衡弹簧;4—橡皮膜;5—管道接头入油口

通过旋转平衡弹簧上的给定螺母,可以调节弹簧的松紧度,从而改变继电器的动作压力,以适应不同的控制需求。

压力继电器的图形符号与文字符号与图 1-33 所示的一样。

【巩固练习】

1. 描述继电器的工作原理,并分析其在电气控制中的典型应用。
2. 解释继电器如何实现信号放大与隔离,并讨论其在自动化控制中的优势。
3. 设计一个使用继电器控制电动机启动和停止的简单电路,要求包括手动和自动控制两种方式。

技能训练 交流中间继电器拆装检查

一、目的要求

(1)熟悉常用接触器的内、外部结构。

(2)学会使用拆装工具和检测仪器、仪表对常用继电器进行拆装检查。

二、工具、仪表及器材

(1)元件:拆装用交流中间继电器(JZ7-44)1 只。

(2)工具:一字螺钉旋具、十字螺钉旋具、尖嘴钳等常用电工工具。

(3)测量仪表:三位半数字万用表、绝缘表(摇表)等。

(4)实训用电源工作台:1 台。

(5)耗材:螺帽、垫片等。

三、步骤

1. 检查前准备

(1)清理中间继电器的外表。

(2)检查外部、附件是否损坏或缺少。

(3)检查拆装用工具、测量仪表是否齐全完备。

(4)核对并记录好中间继电器铭牌的技术参数。

(5)查看开闭是否灵活。

2. 检查

(1)检查各相绝缘间隔是否有炭化、金属粉末附着。

(2)检查动触点、静触点是否完整和有无烧蚀情况。

(3)检查电磁线圈是否有绝缘损坏或过热现象。

(4)检查衔铁与铁芯接触面是否有油污、锈蚀现象等。

(5)动触点、静触点烧蚀面积≥50%时应予以维修或更换;对有轻微烧蚀和金属粉末附着处进行清除,严重时应予以更换或报废;绝缘电阻测量值≥0.5 MΩ。

(6)对检查有问题的继电器在修复前不得安装使用,确保接触器能够安全可靠地运行。

3. 通电试验

对修复后的继电器要进行通电试验检查。

4. 完成工作记录表

步骤	计划工作内容	工作过程记录
1	实训器材准备	
2	做好所拆装检查的继电器的外部部件标记	
3	按拆卸步骤进行继电器拆卸	
4	检查外壳、动作机构是否灵活、正常,动触点、静触点是否有烧蚀或损坏,衔铁、线圈是否完好等	
5	按组装步骤进行继电器组装和通电试验	
6	素养目标考核	

四、注意事项

(1)拆卸继电器时,应备有盛放零件的容器,以防丢失零件。

(2)拆卸继电器的过程中,不允许硬撬,以防损坏电器。

五、评分标准

序号	评价内容	配分	评分标准	扣分	得分
1	实训器材准备	5	(1)工具准备完整性2分; (2)元件、仪表、耗材准备完整性3分		
2	做好所拆装检查的继电器的外部部件标记	5	(1)继电器识别2分; (2)外壳标记铭牌参数记录3分		
3	按拆卸步骤进行继电器拆卸	20	(1)取下端子防护罩5分; (2)卸下静触点端子螺栓,取下静触点5分; (3)拆卸继电器底壳,取下静衔铁5分; (4)取下复位弹簧和线圈组及下衔铁5分		
4	检查外壳、动作机构是否灵活、正常,动触点、静触点是否有烧蚀或损坏,衔铁、线圈是否完好等	45	(1)继电器外壳检测与记录5分; (2)各相绝缘间隔检查与记录5分; (3)动触点、静触点检查与记录5分; (4)衔铁检查与记录5分; (5)电磁线圈检查与记录5分; (6)通断检查与记录5分; (7)其他检查与记录5分; (8)对衔铁动、静触点进行修理或更换5分; (9)对定位或复位弹簧进行检查与记录5分		
5	按组装步骤进行继电器组装和通电试验	20	(1)动触点恢复安装5分; (2)安装衔铁、线圈、复位弹簧、螺栓等5分; (3)安装静触点、防护盖、紧固螺栓5分; (4)通电试验检查5分		
6	素养目标考核	5	(1)环境整洁1分; (2)工具、仪表摆放整齐1分; (3)遵守安全规程1分; (4)积极进取,礼貌待人,团结协作1分; (5)认真阅读思政小文章,写出读后感想1分		
合计		100			

任务六　主令电器

【学习目标】

1. 掌握主令电器的基本结构和工作原理,了解其在电气控制系统中发出控制指令的作用。
2. 熟悉各类主令电器在实际应用中的功能和使用场合。
3. 学习主令电器的安装方法和操作方式,确保其在控制系统中的正常使用。
4. 掌握主令电器的维护方法和常见故障排查,确保设备长期稳定运行。

【学习要点】

1. 了解主令电器的构造，如按钮开关的外壳、触头系统、弹簧等。
2. 理解主令电器如何通过手动操作发出电气指令，控制其他电气元件的工作状态。
3. 学习常见主令电器的分类及其特点，如常开按钮、常闭按钮、自锁按钮、行程开关、限位开关等。
4. 学习主令电器的正确安装方法，确保其与电气回路的正确连接和可靠运行。
5. 掌握主令电器的接线方式，包括如何接入主回路和辅助回路，确保控制信号的传递准确。
6. 学习如何识别和处理主令电器的常见故障，如触头烧蚀、接触不良、操作卡滞等。

主令电器是一种用于切换控制线路的单极或多极小电流开关电器。由于其触头容量较小，不能直接用于主电路，而是用于控制电路，调节其他电器的工作状态。主令电器通过发出指令，改变其他电器的电磁线圈的通电或断电状态，从而切换控制线路的状态，进而改变被控装置的工作状态，实现对系统的自动控制。主令电器种类繁多，应用广泛，主要包括控制按钮、万能转换开关、行程开关、主令控制器、速度开关等。

一、控制按钮

1. 控制按钮的基本结构

控制按钮简称按钮，主要用于远距离手动控制电磁式电器，例如继电器和接触器等。它还可以用于切换各种信号电路和电气联锁电路。

控制按钮通常由按钮本体、复位弹簧、触点和外壳等部分组成，其结构示意图如图 1-35 所示。按钮内部的触点形式和数量可以根据需要进行配置，从一组常开和常闭触点到多达六组常开和常闭触点。接线时，可以选择连接常开触点或常闭触点。当按下按钮时，常闭触点首先断开，然后常开触点接通。松开按钮后，在复位弹簧的作用下，常开触点首先断开，常闭触点随后闭合。

控制按钮可以分为单式（单个按钮）、复式（两个按钮）和三联式（三个按钮）三种类型。为了便于识别不同按钮的功能，避免误操作，通常会在按钮上标注不同的符号或涂上不同的颜色。例如，红色通常表示停止按钮，绿色或黑色则表示起动按钮。

根据保护形式，控制按钮可以分为开启式、保护式、防水式、防腐式和防爆式等。根据结构不同，控制按钮还可以分为嵌压式、紧急式、钥匙式、带信号灯式、带灯按钮式和带灯紧急式等。

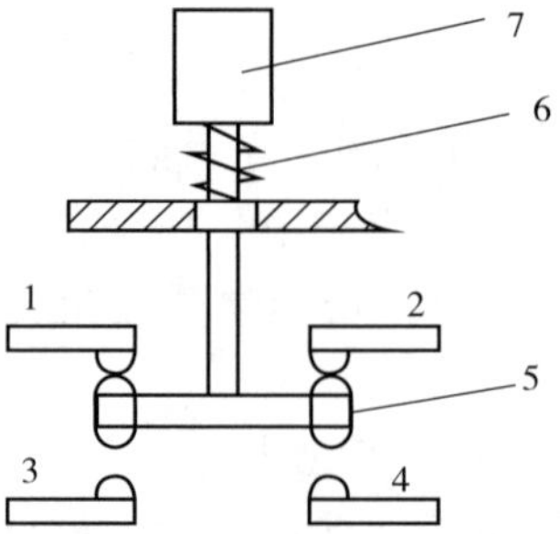

图 1-35 控制按钮的结构示意图

1,2—常闭触点;3,4—常开触点;
5—桥式触点;6—复位弹簧;7—按钮帽

2. 控制按钮的型号含义

控制按钮的型号含义如图 1-36 所示。

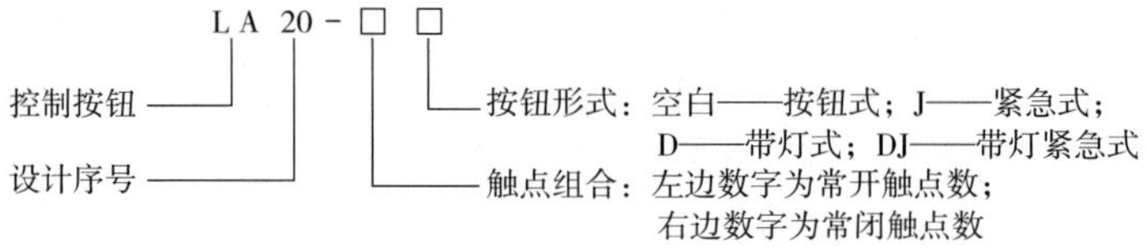

图 1-36 控制按钮的型号含义

3. 控制按钮的图形符号与文字符号

控制按钮的图形符号与文字符号如图 1-37 所示。

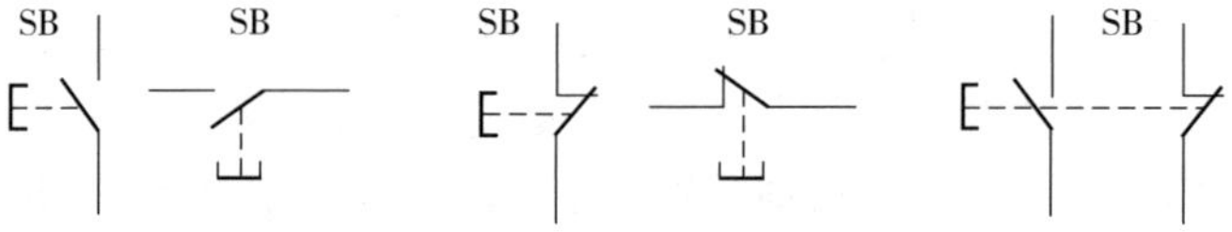

(a)常开触点 (b)常闭触点 (c)复合触点

图 1-37 控制按钮的图形符号与文字符号

4. 控制按钮的主要技术数据

控制按钮的主要技术参数包括额定电压、额定电流、结构形式、触点数量以及按钮颜色等。通常使用的控制按钮额定电压为交流 380 V,额定工作电流为 5 A。

常见的控制按钮系列包括 LA18、LA19、LA20 及 LA25 等。以 LA20 系列为例,其主要技术数据详见表 1-5。

表 1-5 控制按钮的主要技术数据

型号	触点数量		结构形式	按钮		指示灯	
	常开	常闭		钮数	颜色	电压/V	功率/W
LA20-11	1	1	按钮式	1	红、绿、黄、蓝或白	—	—
LA20-11D	1	1	带灯按钮式	1	红、绿、黄、蓝或白	6	<1

续表

型号	触点数量		结构形式	按钮		指示灯	
	常开	常闭		钮数	颜色	电压/V	功率/W
LA20-11 J	1	1	紧急式	1	红	—	—
LA20-11DJ	1	1	带灯紧急式	1	红	6	<1
LA20-22	2	2	按钮式	1	红、绿、黄、蓝或白	—	—
LA20-22D	2	2	带灯按钮式	1	红、绿、黄、蓝或白	6	<1
LA20-22 J	2	2	紧急式	1	红	—	—
LA20-22DJ	2	2	带灯紧急式	1	红	6	<1
LA20-2H	2	2	开启式	2	白红或绿红	—	—
LA20-3H	3	3	开启式	3	白、绿、红	—	—
LA20-2K	2	2	保护式	2	白红或绿红	—	—
LA20-3K	3	3	保护式	3	白、绿、红	—	—

5. 控制按钮的选用

（1）在选择控制按钮时，应根据实际使用环境选择合适的类型。例如，选择开启式、防水式或防腐式按钮，以适应不同的工作环境。

（2）根据控制系统的具体需求，选择适合的按钮结构形式，如钥匙式按钮用于需要权限控制的场合，紧急式按钮用于紧急停止功能，带灯式按钮用于提供工作状态的可视指示。

（3）根据所需控制的设备数量或功能，确定所需按钮的数量。可以选择单式按钮、复式按钮或三联式按钮来满足不同的控制要求。

（4）为确保操作的正确性和直观性，根据不同功能选择按钮及指示灯的颜色。例如，红色通常用于停止按钮，绿色或黑色用于起动按钮，指示灯的颜色应与操作状态相匹配。

6. 控制按钮的安装与使用

（1）安装在面板上的按钮应排列整齐、合理，根据电动机启动的顺序，可自上而下或自左而右进行排列。

（2）当同一机床的运动部件有多种不同的工作状态（如上、下，前、后，松、紧等）时，每一对相对的状态按钮应成组安装。

（3）按钮的安装应确保牢固，并且安装按钮的金属板或金属按钮盒必须可靠接地。

（4）由于按钮触头的间距较小，如有油污等，容易导致短路故障，因此应注意保持触头的清洁。

（5）光标式按钮通常不适用于需要长期通电显示的场所，以避免塑料外壳因过度受热而变形，从而导致更换灯泡变得频繁。

7. 控制按钮的常见故障及处理方法

控制按钮的常见故障及处理方法见表 1-6。

表 1-6 控制按钮的常见故障及处理方法

故障	原因	处理方法
触头接触不良	触头烧损	修整触头或更换产品
	触头表面有尘垢	清洁触头表面
	复位弹簧失效	重绕弹簧或更换产品
触头间短路	塑料受热变形导致接线螺钉相碰短路	查明发热原因排除故障并更换产品
	杂物或油污在触头间形成通路	清洁按钮内部

二、行程开关

1. 行程开关的结构及工作原理

行程开关也称为位置开关，是一种主令电器，用于根据生产机械运动部件的行程发出指令，从而控制其运动方向或行程长度。如果将行程开关安装在生产机械运动部件行程的终点位置，以限制其行程长度，则称这种开关为限位开关或终端开关。行程开关广泛应用于各种机床和起重机械中。

根据机械结构，行程开关可以分为直动式、滚轮式和微动式三种类型。直动式行程开关的结构示意图如图 1-38 所示，其动作原理与控制按钮类似。其缺点是触点的开合速度取决于生产机械运动部件的移动速度，当移动速度低于 0.4 m/min 时，触点分断速度过慢，容易受到电弧的烧蚀。

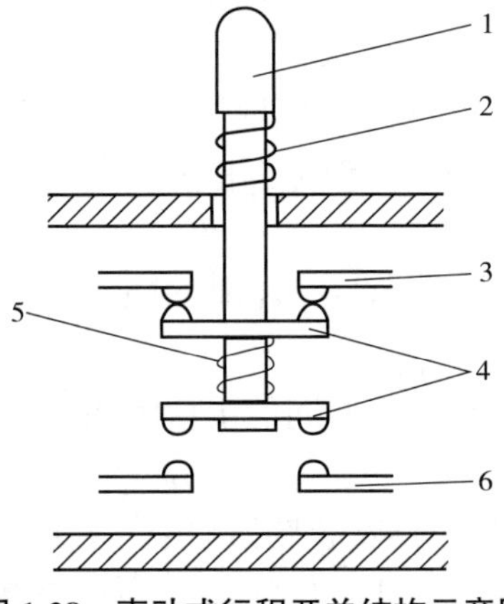

图 1-38 直动式行程开关结构示意图

1—顶杆；2—复位弹簧；3—常闭静触头；4—动触头；5—触头弹簧；6—常开静触头

为了解决这一问题，可以采用带有盘形弹簧瞬时动作的滚轮式行程开关，其结构示意图如图 1-39 所示。当滚轮受到向左的外力作用时，上转臂向左下方转动，推杆向右移动并压缩右侧的弹簧（图 1-39 中 10），同时下方的小滚轮也迅速沿着擒纵件向右滚动，并压缩弹簧（图 1-39 中 9）。当小滚轮滚过擒纵件的中点时，盘形弹簧和弹簧（图 1-39 中 9）会迅速使擒纵件转动，从而使动触头快速断开与右侧常闭静触头的接触，并闭合与左侧常开静触头的接触，这样可以减少电弧对触头的烧蚀。因此，这种行程开关适用于低速运行的机械。

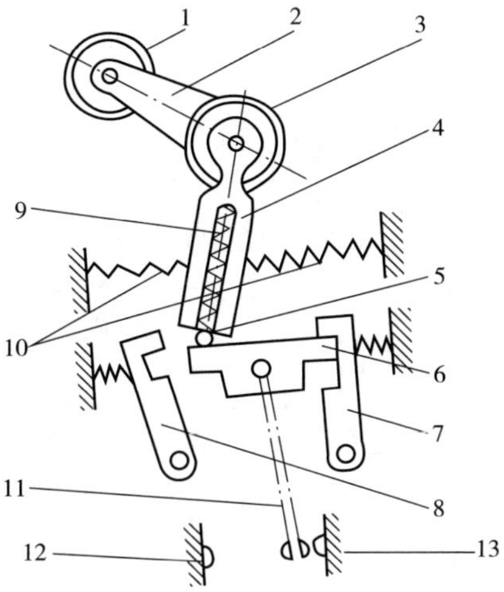

图 1-39　滚轮式行程开关结构示意图

1—滚轮；2—上转臂；3—盘形弹簧；4—推杆；5—小滚轮；6—擒纵件；
7、8—压板；9、10—弹簧；11—动触头；12—常开静触头；13—常闭静触头

当生产机械运动部件的行程较短且作用力较小时，可以使用具有瞬时动作和微小行程的微动行程开关，其结构示意图如图 1-40 所示。当外力压下推杆时，弓簧片发生变形，储存能量并产生位移。当达到预定临界点时，弓簧片连同动触头会瞬时动作，断开与常闭静触头的接触，闭合与常开静触头的接触。当外力消失后，推杆在弓簧片的作用下迅速复位，触点恢复原始状态。

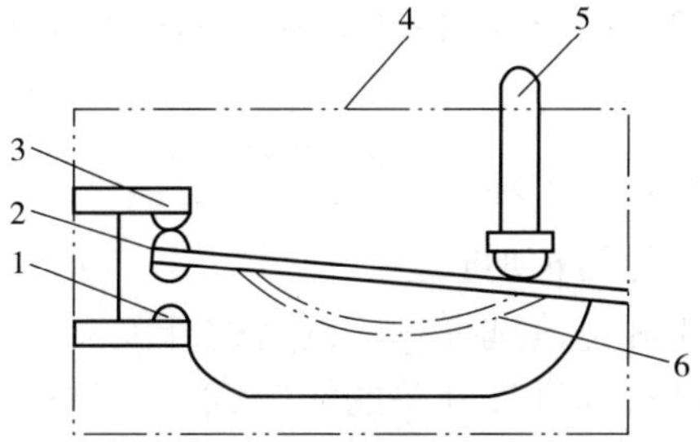

图 1-40　微动开关结构示意图

1—常开静触头；2—动触头；3—常闭静触头；4—壳体；5—推杆；6—弓簧片

常见的行程开关系列包括 JIXKI、LX2、LX3、LX5、LX12、LX19 A、LX21、LX22、LX29、LX32、3SE3 等，微动行程开关系列有 LX31、JW 等。

2. 行程开关的型号含义

常用行程开关的型号含义如图 1-41 所示。

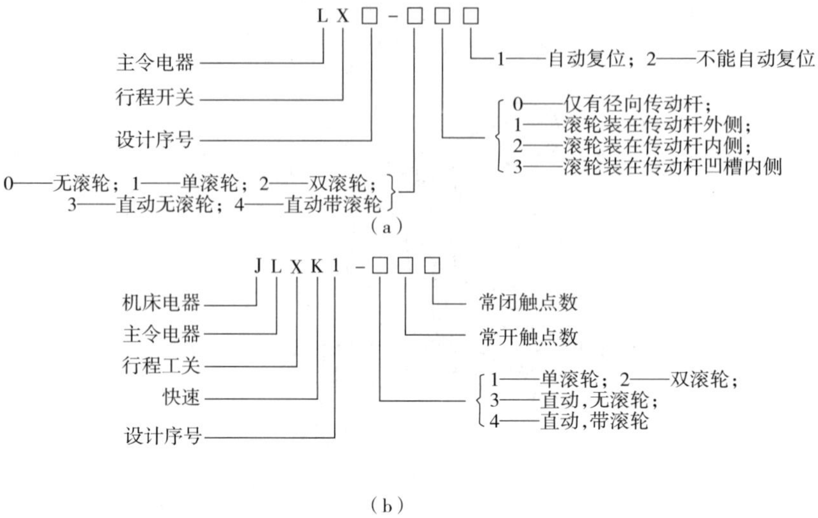

图 1-41 常用行程开关的型号含义

3. 行程开关的图形符号与文字符号

行程开关的图形符号与文字符号如图 1-42 所示。

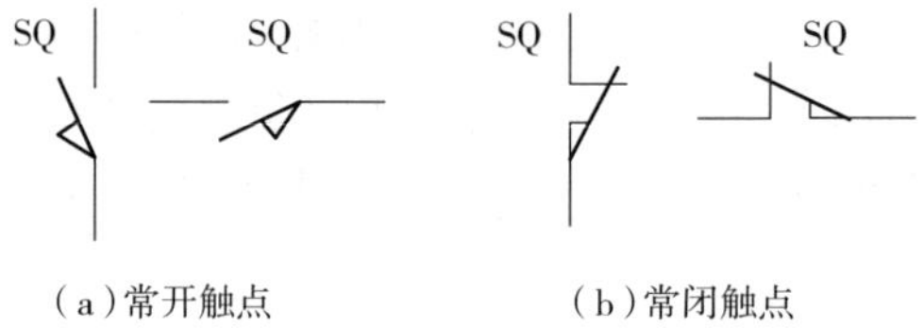

图 1-42 行程开关的图形符号与文字符号

4. 行程开关的选用

（1）根据应用场合及控制对象选择。

（2）根据安装使用环境选择防护形式。

（3）根据控制回路的电压和电流选择相应的行程开关。

（4）根据生产机械运动部件与行程开关的接触方式和位移关系选择行程开关形状。

5. 行程开关的安装与使用

（1）行程开关的安装位置必须准确，并确保牢固可靠。安装时要注意滚轮的方向，避免装反。挡铁与滚轮碰撞的位置应符合控制线路的要求，确保其能够稳定可靠地与挡铁接触。

（2）在使用过程中，行程开关需要定期检查和维护。要清除油垢和粉尘，保持触头清洁，并经常检查其动作是否灵活可靠。若发现故障，应及时排除，以防止因行程开关触头接触不良或接线松动而导致误动作，避免设备损坏或威胁人身安全的事故发生。

6. 行程开关的常见故障及处理方法

行程开关的常见故障及处理方法见表 1-7。

表 1-7　行程开关的常见故障及处理方法

故障	原因	处理方法
挡铁碰撞行程开关后，触头不动作	安装位置不准确	调整安装位置
	触头接触不良或接线松脱	清洗触头或紧固接线
	复位弹簧失效	更换弹簧
杠杆已经偏转，或无外界机械力作用，但触头不复位	复位弹簧失效	更换弹簧
	内部撞块卡阻	清扫内部杂物
	调节螺钉太长，顶住微动开关	检查并调整调节螺钉

三、万能转换开关

1. 万能转换开关的结构原理

万能转换开关是一种具备多挡位和多触点的控制电器，能够控制多个电路。它常用于低压断路器的合闸与分闸控制，此外还广泛应用于各种控制电路的转换、电流表与电压表的换相测量，以及小容量电动机的启动、调速和转向改变等。由于其电路切换功能多样且应用范围广泛，因此被称为"万能"开关。

该开关由多组凸轮和触点组件堆叠而成，主要由操作机构、定位装置和触点三部分组成。操作方式为手柄旋转，其操作位置可以有 2~12 个不等。凸轮与触点组件的层数可达到 1~10 层，每层最多可安装三对触点，每层凸轮可以设计成不同的形状。手柄旋转到不同位置时，通过转轴带动凸轮，使各层触点按预定规律接通或断开。常见的万能转换开关包括 LWS、LW6、LW12-16 等系列。图 1-43 展示了某一层凸轮和触点组件的结构示意图。

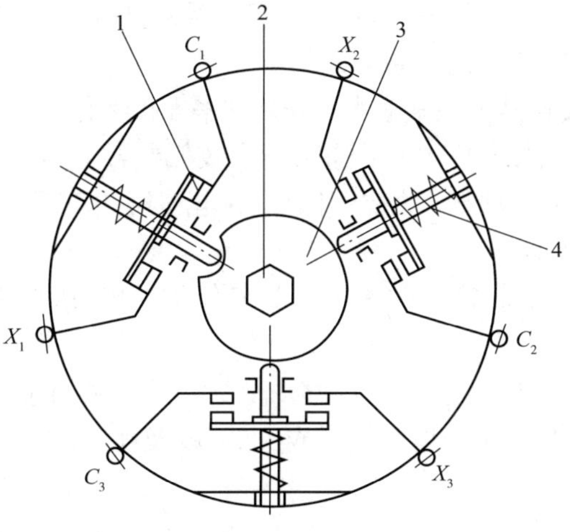

图 1-43　万能转换开关某一层凸轮、触点组件结构示意图

1—触头；2—转轴；3—凸轮；4—触头弹簧

2. 万能转换开关的图形符号与文字符号、触点通/断表

万能转换开关的图形符号与文字符号、触点通/断表如图 1-44 所示。在图 1-44（a）中，

垂直虚线表示操作手柄的位置，而黑点的有无则表示触点的闭合和分断状态。例如，如果右侧虚线 4 下有黑点，说明操作手柄位于右侧位置，此时触头 3 与 4 是闭合的。相反，如果左侧虚线 3 下没有黑点，则表示操作手柄位于左侧位置，此时触头 3 与 4 是分断的。触点的通断状态也可以通过列表的形式来表示，如图 1-44(b)所示。在表中，“×”表示触点处于闭合状态，而没有“×”则表示触点处于分断状态。

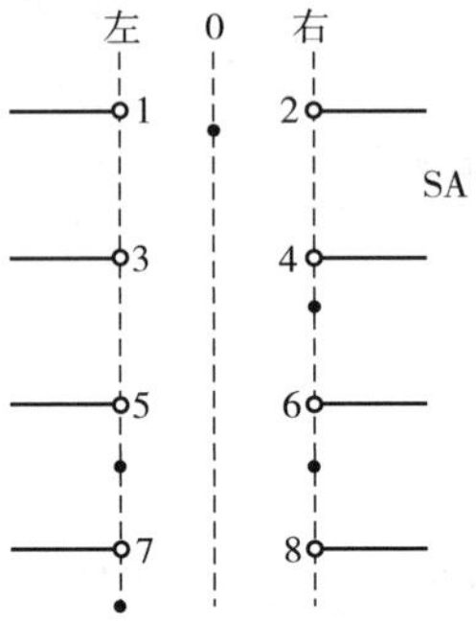

(a)图形符号与文字符号

	位置		
触点	左	0	右
1–2		×	
3–4			×
5–6	×		×
7–8	×		

(b)触点通/断表

图 1-44　万能转换开关图形符号与文字符号、触点通/断表

3. 万能转换开关的选用

(1)按额定电压和工作电流选用相应的万能转换开关。

(2)按操作需要选定手柄的形式。

(3)按控制要求参照万能转换开关产品样本确定触点数量及接线图编号。

(4)选择面板形式及标志。

4. 万能转换开关的安装与使用

(1)安装位置要求：万能转换开关应与其他电器元件或机床的金属部件保持一定的间隙，以防在通断操作中因电弧喷出导致对地短路故障。

(2)安装方式：万能转换开关通常应水平安装在平面板上，但也可以选择倾斜或垂直安装。

(3)通断能力限制：万能转换开关的通断能力较低，若用于控制电动机，LW5 系列只能用于 5.5 kW 以下的小容量电动机。如果用于控制电动机的正反转操作，则需确保电动机完全停止后才能进行反向启动。

(4)配合使用要求：万能转换开关本身不具备保护功能，因此在使用时必须与其他电器元件配合使用。

(5)故障处理：若万能转换开关出现故障，必须立即切断电路，并检查是否存在妨碍可动部分正常运转的障碍，查看弹簧是否变形或失效，以及触头的工作状态和状况是否正常。

四、主令控制器

主令控制器是一种用于按照预定程序频繁切换复杂多回路控制电路的主令电器，常用于起重机和轧钢机的控制。

主令控制器的主要组成部分包括触点、凸轮、定位机构、转轴、面板及其支承件等。图 1-45 展示了主令控制器某一层凸轮和触点组件的结构示意图。在方形转轴上安装有形状各异的凸轮块(图 1-45 中 1 和 8),当转轴转动时,凸轮块也随之旋转。当凸轮块的凸起部分与小轮接触时,会推动支杆向外张开,使动触头与静触头断开;而当小轮落入凸轮的凹陷部分时,支杆在反作用弹簧的作用下复位,使动触头和静触头重新闭合。通过在方形转轴上套装多组不同形状的凸轮块,可以按照事先设计的顺序控制各触点的通断,实现对电动机的频繁启动、制动、正反转以及调速等操作。

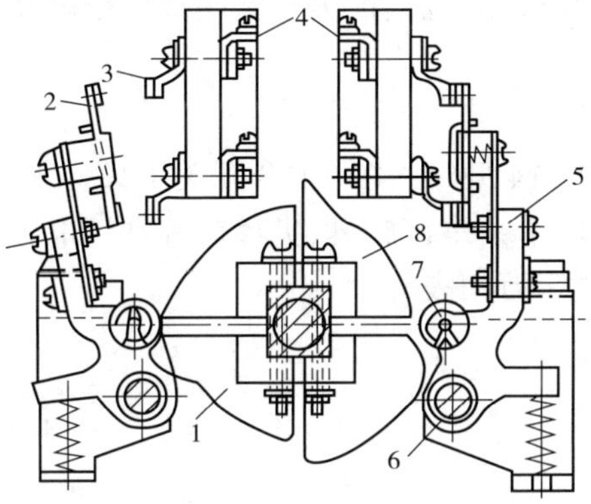

图 1-45　主令控制器某一层凸轮、触点组件结构示意图

1、8—凸轮块;2—动触头;3—静触头;4—接线柱;5—支杆;6—转轴;7—小轮

常见的主令控制器系列包括 LK14、LK15、LK16 和 LK17 等,这些均是有触点主令控制器,对电路输出开关量主令信号。如果需要电路输出模拟量信号,则可以使用无触点主令控制器,如 WLK 系列。主令控制器的型号含义如图 1-46 所示。

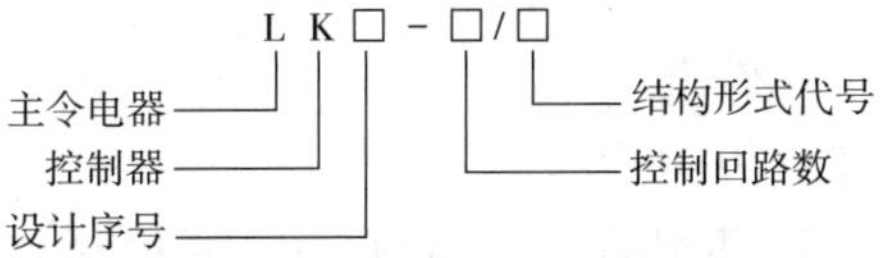

图 1-46　主令控制器的型号含义

主令控制器的图形符号与文字符号及触点通/断表与万能转换开关相同。

主令控制器的选用:根据所需操作位置数、控制电路数、触点闭合顺序及触点长期允许通过电流大小来选择。在起重机控制中,由于主令控制器是与磁力控制盘配合一起控制起重机的,故应根据磁力控制盘型号来选择。

【巩固练习】

1. 描述主令电器的基本工作原理,并分析其在电气控制系统中的作用。
2. 解释按钮开关的常开和常闭原理,并讨论其在不同控制电路中的应用。
3. 设计一个简单的电动机启动停止控制电路,要求使用按钮开关实现控制。
4. 讨论主令电器触头烧蚀的原因,并设计一个维护计划以减少此类故障的发生。

技能训练　主令电器拆装检查

一、目的要求

(1)熟悉常用主令电器的内、外部结构。

(2)学会使用拆装工具和检测仪器、仪表对常用接主令电器进行拆装检查。

二、工具、仪表及器材

(1)元件:拆装用 HKB2-314 型(4A4B)主令开关 1 只。

(2)工具:一字螺钉旋具、十字螺钉旋具、尖嘴钳等常用电工工具。

(3)测量仪表:三位半数字万用表等。

(4)实训用电源工作台:1 台。

(5)耗材:螺帽、垫片等。

三、步骤

1. 检查前准备

(1)清理主令开关,检查附件是否损坏或缺少。

(2)检查拆装用工具,测量仪表是否齐全完备。

(3)核对记录主令开关铭牌的技术参数。

(4)检查操作手柄开闭是否灵活。

2. 检查

(1)拆解主令开关进行常规检查。

(2)拆卸操纵杆球头和橡胶防护套。

(3)拆卸安装螺帽和橡胶垫;拆卸操动机构;拆卸触点组;检查动作机构零件是否有损坏、变形;检查触点组(片)触点动作是否正常;检查触点是否有烧蚀、损坏情况;检查接触是否良好。

3. 组装及复检

(1)检查各零部件完好后进行组装,组装完成后要复检。

(2)检查动作机构是否灵活、可靠。

(3)将开关操纵杆转向一侧,检查该侧动断触点、动合触点接触是否良好。

4. 完成工作记录表

步骤	计划工作内容	工作过程记录
1	实训器材准备	
2	做好主令电器外部部件的标记	
3	按拆卸步骤进行主令器拆卸	

续表

步骤	计划工作内容	工作过程记录
4	测量所拆卸主令电器的绝缘情况,检查电器外壳是否正常,检查动作机构是否灵活或损坏,检查动触点、静触点是否有严重烧蚀或损坏,检查配件是否完整等	
5	按组装步骤进行主令器组装和通电试验	
6	素养目标考核	

四、注意事项

(1)拆卸主令电器时,应备有盛放零件的容器,以防丢失零件。

(2)拆卸主令电器的过程中,不允许硬撬,以防损坏电器。

(3)触点组(片)的防护盖有可能已经和本体进行黏合,这样的触点组(片)不需要再进行分解。

五、评分标准

序号	评价内容	配分	评分标准	扣分	得分
1	实训器材准备	5	(1)工具准备完整性2分; (2)元件、仪表、耗材准备完整性3分		
2	做好所拆装主令电器外部部件的标记	5	(1)主令电器识别2分; (2)电器外壳标记及铭牌参数记录3分		
3	按拆卸步骤进行主令电器拆卸	20	(1)拆卸操纵杆头及防滑橡胶套等5分; (2)拆卸安装螺母、橡胶垫5分; (3)拆卸动作机构(组件)5分; (4)拆卸触点组5分		
4	测量所拆卸主令电器的绝缘情况,检查电器外壳是否正常,检查动作机构是否灵活或损坏,检查动触点、静触点是否有严重烧蚀或损坏,检查配件是否完整等	45	(1)绝缘检查与记录5分; (2)外壳检测与记录5分; (3)动作机构检查与记录5分; (4)动触点、静触点检查与记录5分; (5)配件检查与记录5分; (6)通断检查与记录5分; (7)其他检查与记录5分; (8)对损害的动触点、静触点进行修理或更换5分; (9)对定位或复位弹簧检查与记录5分		
5	按组装步骤进行主令器组装和通电试验	20	(1)安装动触点、静触点(组件)5分; (2)安装动作机构等5分; (3)安装其他附件等5分; (4)通断检查5分		

续表

序号	评价内容	配分	评分标准	扣分	得分
6	素养目标考核	5	(1)环境整洁1分； (2)工具、仪表摆放整齐1分； (3)遵守安全规程1分； (4)积极进取，礼貌待人，团结协作1分； (5)认真阅读思政小文章，写出读后感想1分		
合计		100			

项目二　直流电动机

【教学目标】

1. 了解直流电动机的主要组成部分,如电枢、换向器、磁极、电刷。

2. 理解电枢电压调速、磁通调速和电枢回路串电阻调速等调速方法的基本原理及应用场景。

3. 能够根据实物或图纸准确描述直流电动机的结构。

4. 掌握基本的故障排查方法,能够初步判断和解决电动机的常见问题。

5. 具备设计直流电动机启动、调速和制动控制电路的能力。

6. 通过实践操作,培养学生在电动机调试与维护中的严谨态度和解决实际问题的能力。

7. 通过小组实验和项目合作,培养学生的团队合作和沟通能力。

任务一　直流电动机结构及基本原理

【学习目标】

1. 掌握直流电动机的主要组成部分,包括定子、转子、换向器、刷子等。

2. 了解各部分的功能及其在电机运行中的作用。

3. 理解直流电动机如何将电能转换为机械能,通过电磁感应原理实现转动。

4. 了解直流电动机的不同类型,如串励电动机、并励电动机、复励电动机、永磁直流电动机等。

5. 掌握直流电动机的日常维护知识,延长其使用寿命。

【学习要点】

1. 了解直流电动机的主要组成部分及其功能。

2. 理解各部件如何协同工作实现电机的正常运行。

3. 学习不同类型的直流电动机及其特性。

直流电动机是旋转电机的一种主要类型。直流发电机提供的电力质量较高,通常用作直流电源。直流电动机具有良好的启动和调速性能,常用于需要精确调速的场合。然而,与交流电机相比,由于需要换向器,直流电机结构较复杂,造价较高,并且运行维护和可靠性稍逊一筹。近年来,随着电力电子技术的快速发展,半导体整流电源在某些场合已经取代了传统的直流发电机。同时,电子换向线路实现了无接触换向的直流无刷电机,继承了直流电动机的优异运行特性,因此正在逐步取代传统的有刷换向器直流电动机。尽管如此,直流电动机在许多传动性能要求高的场合依然具有相当高的应用价值和需求。

一、直流电动机的基本结构

直流电动机由静止部分定子和旋转部分转子组成。定子和转子之间有一定的间隙,称为气隙。定子的主要功能是产生磁场并提供机械支撑,定子的结构包括主磁极、换向极、机座、端盖、轴承和电刷装置等部件。转子的上部分用来感应电动势并实现能量转换,称为电枢,包括电枢铁芯和电枢绕组;此外,转子的下部分还包括换向器、转轴、风扇等组件。直流电动机的结构图如图 2-1 所示。

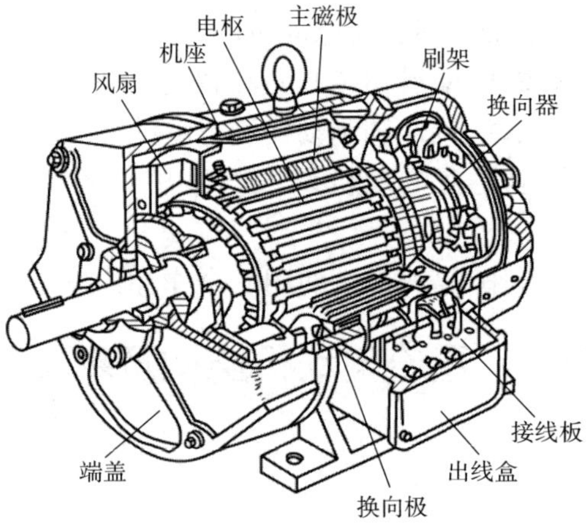

图 2-1 直流电动机的结构

1. 定子

定子由机座、主磁极、换向极和电刷装置等组成,如图 2-2 所示。其主要功能是产生主磁场并提供电机的机械支撑。

图 2-2 直流电动机定子的结构

1)主磁极

主磁极简称主极,其作用是产生恒定的气隙磁通,由铁芯和励磁绕组构成,如图 2-3 所示。励磁绕组固定在主磁极铁芯上,通过电流产生磁场,使电枢表面的气隙磁通密度按照特定的形状分布在空间中。为了减少电枢旋转时极靴表面的涡流损耗,主磁极铁芯通常由 1~1.5 mm 厚的低碳钢板叠加而成。励磁绕组则采用圆截面或矩形截面的绝缘导线进行集中绕制，并与铁芯绝缘。主磁极总是成对出现，相邻磁极的极性按照 N 极和 S 极交替排列。

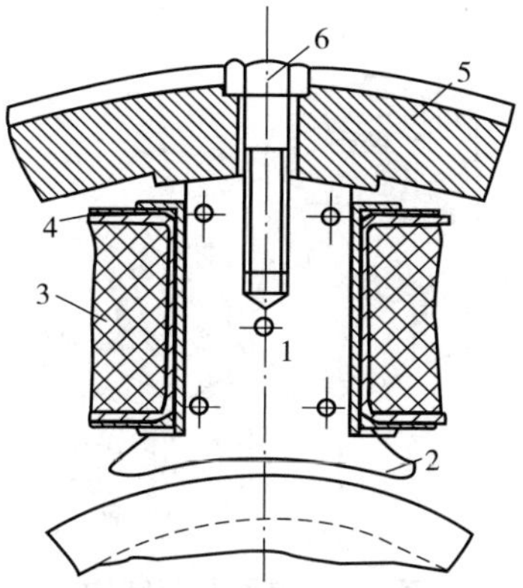

图 2-3　主磁极的结构

1—主磁极铁芯；2—极靴；3—励磁绕组；
4—绕组绝缘；5—机座；6—螺杆

2）换向极

换向极也称附加极，主要作用是改善电机的换向过程。它由铁芯和套在上面的换向极绕组构成。在大容量直流电机和需要高换向性能的电机中，换向极铁芯通常由相互绝缘的钢片叠压而成；而在中小容量直流电机中，换向极铁芯则通常采用整块钢制成。换向绕组一般由粗扁铜线绕成，与电枢绕组串联，因此通过的电流较大，通常使用截面较大的矩形导线绕制，并且匝数较少。换向极的位置位于两个主磁极之间，通过螺杆固定在机座上。一般情况下，换向极的数量等于主磁极的数量，它们帮助电枢进行换向并消除或减弱电枢的反应。在功率较小的电机中，有时换向极的数量可能只有主磁极数量的一半，甚至有些电机根本不装备换向极。

3）机座

直流电机的机座具有两个重要作用：一是用于固定主磁极、换向极和端盖，并通过底脚将电机牢牢地固定在基础上；二是作为电机磁路的一部分。因此，机座通常采用导磁性能良好的材料制造，常见的材料包括铸钢件或者用钢板卷焊而成的结构。机座的设计通常保证具备足够的导磁截面积，同时在机械强度和刚度方面有充足的余量，以确保电机在运行中的稳定性和可靠性。

4）电刷装置

电刷在直流电机中扮演重要角色，其作用是连接转动的电枢与外部电路，使电流能够输入或输出电枢，并通过电枢和换向器的配合，产生直流电压。为了确保电刷与旋转的换向器有良好的接触，需要一套电刷装置。电刷装置由几个部分组成，包括电刷（通常由石墨制成的导电块）、刷握、刷杆、刷杆座和刷辫（用细铜丝编制，用于引出或引入电动势或电流）等，如图 2-4 所示。根据电流的大小，每个刷杆上可以安装一个或多个电刷组成的电刷组。电刷组的数量（即刷杆数）通常等于主磁极的数量，并且均匀分布在圆周上。电刷被安装在刷握的刷盒内，并通过弹簧紧压在换向器的圆周表面上。刷握固定在刷杆上，两者之间应有良好的绝缘。同极性的各刷杆上的电刷通过汇流条连接在一起。为了调整电刷的位置,刷杆座通常是可移动的。这些设计和安排确保了电刷在电机运行中能够稳定地传递电流,并与换向器保持良好的接触,从而实现电机的正常工作。

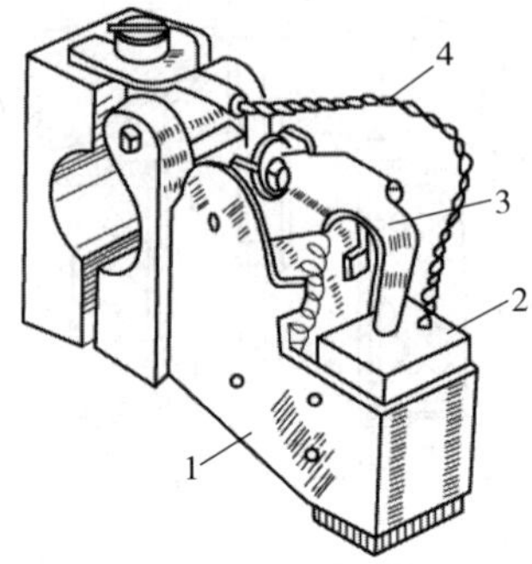

图 2-4 电刷装置结构

1—刷握;2—电刷;3—压紧弹簧;4—刷辫

2. 转子

转子又称为电枢,由电枢铁芯、电枢绕组、换向器、转轴和风扇等组成,如图 2-5 所示。其主要作用是产生电磁转矩或感应电动势,从而实现机械能和电能之间的转换。

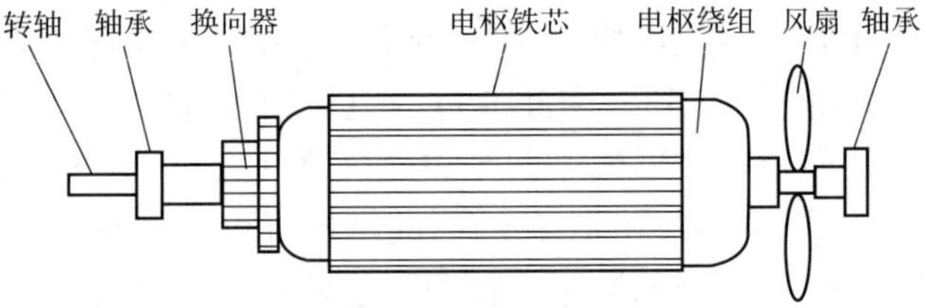

图 2-5 直流电动机的转子结构

1)电枢铁芯

电枢铁芯具有两个主要作用:一是作为磁场的通路;二是用来容纳电枢绕组。通常,电枢铁芯由 0.5 mm 厚的低碳硅钢片或冷轧硅钢片叠加而成,如图 2-6 所示。这些钢片之间涂有绝缘漆,以减少损耗,特别是涡流损耗和磁滞损耗。每片钢片上通常冲制有用于容纳电枢绕组的槽,有些还冲有轴向的通风孔。对于大容量的电机,为了增强冷却效果,电枢铁芯沿轴向通常分成数段,段与段之间留有宽度为 10 mm 的通风道。整个电枢铁芯被固定在转子支架或转轴上,以确保稳固和有效的散热。电枢铁芯冲片和电枢铁芯如图 2-6 所示。

2)电枢绕组

电枢绕组在直流电机中起着至关重要的作用,它主要用来感应电动势和导电流,从而实现机械能和电能之间的相互转换。电枢绕组是直流电机的主要电路部分之一,由带有绝缘的铜导线绕成一个个的线圈元件,这些线圈元件被嵌放在电枢铁芯的槽中,每个线圈元件按照一定的规律连接到相应的换向片上,如图 2-6 所示。通过电流在电枢绕组中的流动,电枢绕组在磁场中感应出电动势，这一电动势驱动电机运转。整体来看，电枢绕组的设计和布置直接影响着电机的性能和效率。通过合理安排和绕制电枢绕组，可以优化电机的电磁特性，提高其功率密度和效率。

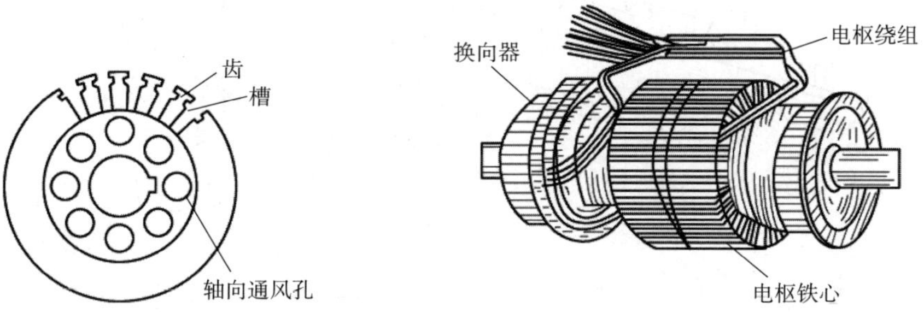

（a）电枢铁芯冲片　（b）电枢铁芯

图 2-6　电枢铁芯冲片和电枢铁芯

3）换向器

换向器由许多换向片组成，这些换向片之间以云母片互相绝缘，并且整体由云母环对地绝缘，其构造如图 2-7 所示。换向器的作用是将电刷上传输的直流电流转换为绕组内的交流电流，或者将绕组内的交变电动势转换为电刷端的直流电动势。换向器的性能优劣在很大程度上影响了电动机的运行。

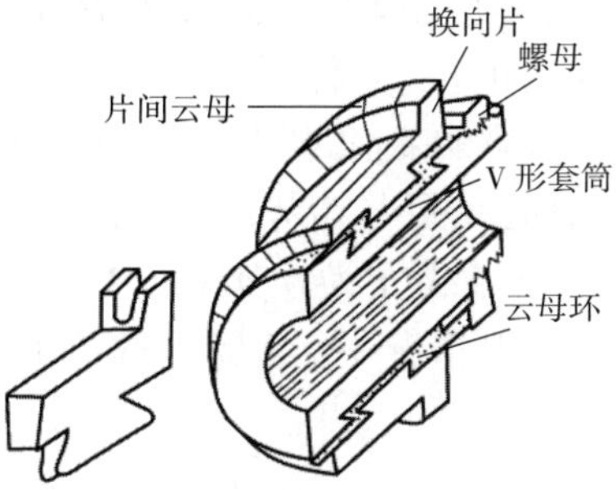

图 2-7　换向片和换向器的构造

二、直流电动机的工作原理

1. 直流发电机的工作原理

图 2-8 所示为一台最简单的直流电动机的模型。N 和 S 代表定子的磁极。电枢线圈由两根导体 A 和 X 组成，被安置在可旋转的导磁圆柱体上，即电枢铁芯。电枢铁芯与电枢线圈一起构成电机的转子或电枢。电枢线圈的首端和末端连接到两个换向片 1 和 2 上，这些换向片与电枢线圈一同旋转，并且彼此绝缘。电枢线圈与外部电路的连接通过固定在换向片上不动的电刷 B_1 和 B_2 实现。

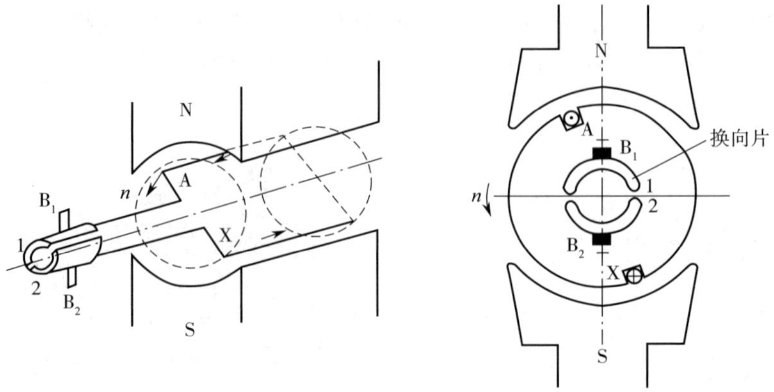

图 2-8　直流电动机模型

当原动机驱动电机转子以恒定的转速 n 逆时针方向转动时，设在图 2-8 所示瞬间，根据右手定则，可以判定导体 A 的电动势方向为穿出纸面（用⊙表示）；导体 X 的电动势方向为进入纸面（用⊗表示）。

根据电磁感应定律，导体的感应电动势为：

$$e = B_x l v$$

式中：B_x 为导体所处位置的径向磁通密度；l 为导体切割磁力线部分的长度，称为有效长度；v 为导体切割磁力线部分的速度，即电枢旋转的线速度。

那么，整个线圈从 X → A 的感应电动势为 $e_{XA}=2B_x lv$。由于转速 n 是恒定的，因此速度 v 也是固定值；对于已制成的电机，导体长度 l 也是一定的，因此电动势 e_{XA} 与磁通密度 B_x 成正比。这说明线圈电动势的变化规律与气隙磁场沿圆周的分布规律相同。通过了解 B_x 的分布曲线，就可以知道线圈电动势的变化规律。为此，可以假想将电枢从外圆上的某点切开，将圆周拉成一条直线作为横坐标，并以磁通密度 B_x 为纵坐标，绘制出 B_x 的分布曲线，如图 2-9 所示。一般情况下，N 极下的磁通密度为负值，S 极下的磁通密度为正值。

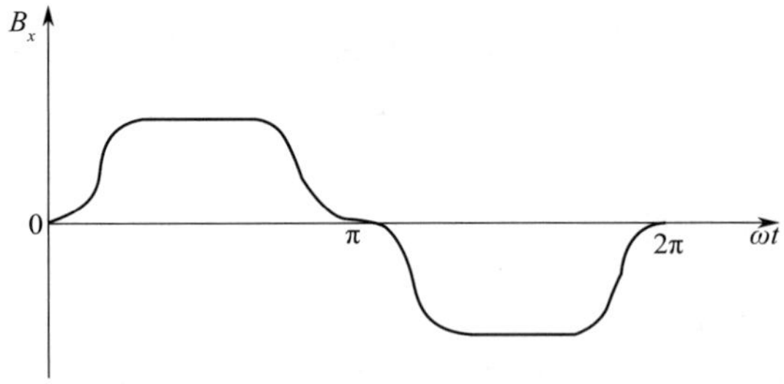

图 2-9　B_x 的分布曲线

有了 B_x 的分布曲线后，由于 $e_{XA} \propto B_x$，所以只需调整坐标刻度，曲线就能表示线圈电动势随时间的变化。可以看出，线圈电动势是交变的。

当电枢转过 180° 后，导体 X 移到了导体 A 的原位置，导体 A 移到了导体 X 的原位置。根据右手定则，此时导体 X 的电动势方向为⊙，导体 A 的电动势方向为⊗。由于电刷在空间是固定的，此时电刷 B_1 与换向片 2 接触，电刷 B_2 与换向片 1 接触，所以电刷 B_1 的极性仍为“+”，电刷 B_2 的极性仍为“−”。因此，在电刷 B_1 和 B_2 之间会产生一个方向不变的电动势。如果在 B_1 和 B_2 之间接上负载，负载上将有一个方向不变的电流流过，这就是直流发电机的工作原理。

显然，在单个线圈的情况下，尽管电刷 B_1 和 B_2 之间的电动势方向不变，但其数值是变化的。因此，在实际电机中，电枢绕组由许多线圈按照一定规律连接起来，这大大降低了电刷间电动势的脉动程度，实际使用时可以认为产生的是一个恒定直流。

如果电刷 B_1 和 B_2 不是固定在空间，而是随电枢一起转动，即电刷 B_1 始终与换向片 1 接触，电刷 B_2 始终与换向片 2 接触，那么电刷间的电动势就不可能是直流，而是交流。这说明，直流电机电枢绕组感应的电动势是交流的，通过换向器和电刷的配合，才能将交流电动势“换向”为直流电动势，所以这种电机通常称为直流换向器电机。

2. 直流电动机的工作原理

直流电动机的模型与直流发电机模型相同，不同的是直流电动机不使用原动机来带动电枢旋转，而是通过外部电源从电刷 B_1 和 B_2 输入直流电流，使电流从正电刷 B_1 流入，从负电刷 B_2 流出，那么 N 极下的线圈电流总是从首端流向末端， S 极下的线圈电流总是从末端流向首端。根据左手定则，N 极下导体受到的电磁力方向向左，S 极下导体受到的电磁力方向向右，这样产生的电磁转矩会使线圈逆时针旋转。由此可见，N 极和 S 极下的线圈受到的电磁力方向始终不变，产生的转矩方向也不变。这个转矩使电枢始终沿一个方向旋转，将电能转化为机械能，从而使直流电动机带动生产机械工作。

3. 直流电动机的可逆性

根据上述直流电动机的工作原理，一台直流电动机在电刷两端加上直流电压并输入电能，即可带动生产机械，将电能转化为机械能，成为电动机；反之，若用原动机带动电枢旋转并输入机械能，则可以在电刷两端得到一个直流电动势作为电源，将机械能转化为电能，成为发电机。这种电机既能作为电动机又能作为发电机运行的原理，在电机理论中称为电机的可逆原理。

【巩固练习】

1. 描述直流电动机的工作原理，分析其将电能转化为机械能的过程。
2. 解释换向器在直流电动机中的作用，并讨论其在换向过程中的重要性。

任务二　并励直流电动机的控制线路

【学习目标】

1. 掌握并励直流电动机的工作原理及其结构特点。
2. 学习如何设计并励直流电动机的控制电路，包括启动、停止、正反转和调速控制。
3. 理解控制电路中各组件的作用及其连接方式。
4. 掌握通过调节电枢电压和改变励磁电流来实现电动机调速的方法。

5. 理解如何在控制电路中添加保护措施，保证电动机的安全运行。

【学习要点】

1. 并励直流电动机的基本结构与原理。
2. 控制电路设计。
3. 调速方法。

一、并励直流电动机的启动

为了减少启动电流并防止启动时对机械负载的过大冲击，直流电动机启动时通常采用降压方式。常见的降压启动方法有两种：降低电源电压启动和在电枢回路中串联电阻启动。两种方法的原理都是降低电枢上的电压。当使用晶闸管整流装置作为电源时，调节电压非常方便。近年来，随着晶闸管技术的发展，采用减小电枢电压来限制启动电流的方法越来越普及。然而，在没有可调直流电源的场合（如城市电车、工厂车间只有公用直流电源时），只能采用在电枢回路中串联电阻进行多级启动的方法。本书主要介绍电枢回路串联电阻启动控制。

1. 手动启动控制线路

并励直流电动机的手动启动控制电路如图 2-10 所示。控制线路中使用的 Z 型启动变阻器，具有四个接线端 El、L+、A1 和 L−，分别与电源、电枢绕组和励磁绕组相连。手轮附有衔铁和恢复弹簧，弧形铜条的一端直接与励磁电路相连，同时经过全部启动电阻后与电枢绕组接通。

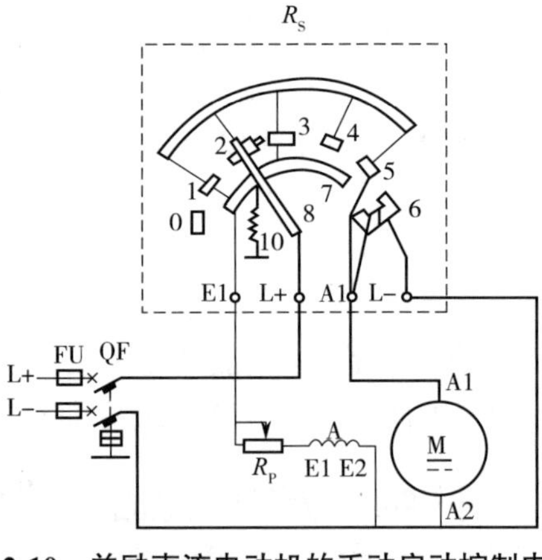

图 2-10 并励直流电动机的手动启动控制电路

0~5—分段静触头；6—电磁铁；7—弧形铜条；
8—手轮；9—衔铁；10—恢复弹簧

启动之前，将启动变阻器的手轮置于 0 位，然后合上电源开关 QF，慢慢转动手轮，使其从 0 位转到静触点 1，接通励磁绕组电路，同时将变阻器 R_s 的全部启动电阻接入电枢电路，电动机开始启动旋转。随着转速的升高，手轮依次转到静触点 2、3、4 等位置，使启动电阻逐级切除。当手轮转到最后一个静触点 5 时，电磁铁吸住手轮衔铁，此时启动电阻全部切除，直流电动机启动完毕，进入正常运转。

当电动机切断电源时，由于电磁铁的线圈失电，电磁吸力消失，在恢复弹簧的作用下，手轮自动返回 0 位，以备下次启动。电磁铁具有失压和欠压保护作用。由于并励电动机的励磁绕组具有很大的电感，所以当手轮返回 0 位时，励磁绕组会因突然断电而产生很高的自感电动势，可能击穿绕组的绝缘，在手轮和铜条间产生火花，烧坏动触头。为了防止这些现象，弧形铜条与静触点 1 相连，在手轮回到 0 位断电时，励磁绕组、电枢绕组和启动电阻能构成一个闭合回路，作为励磁绕组断电时的放电回路。

启动时，为了获得较大的启动转矩，应将励磁电流调至最大，即短接励磁电路中的外接电阻 R_P。

2. 自动启动控制线路

并励直流电动机电枢回路串电阻二级启动控制线路如图 2-11 所示。KA1 是欠电流继电器，负责对励磁绕组进行失磁保护。只要励磁电流未达到整定值，电枢回路接触器 KM1 就无法得电接通，从而避免由于励磁绕组断线或接触不良引起的“飞车”事故。KA2 为过电流继电器，当电枢回路出现过载或短路大电流时，会切断 KM1 线圈回路，使电动机电枢回路断电，从而对电动机进行过载和短路保护。电阻 R 是电动机停转时励磁绕组的放电电阻；V 是续流二极管，用于保证励磁绕组在正常工作时电阻 R 回路处于阻断状态，没有电流流过。

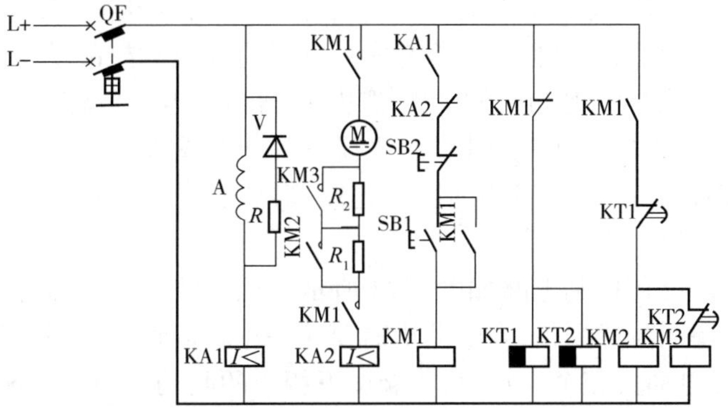

图 2-11　并励直流电动机电枢回路串电阻二级启动控制线路

线路工作原理如图 2-12 所示，合上低压断路器 QF，励磁绕组 A 得电，同时断电延时时间继电器 KT1、KT2 线圈得电，并带动其动断触点瞬时断开接触器 KM2、KM3 的线圈回路，确保电阻 R_1、R_2 全部串入电枢回路，为电动机启动做好准备。按下按钮 SB1，接触器 KM 吸合，电动机开始串电阻启动，同时 KT1、KT2 的线圈断电开始延时，KT1 延时时间到其延时触点恢复闭合，接触器 KM2 吸合短接电阻 R_1，KT1 和 KT2 延时时间到其延时触点恢复闭合接触器 KM3 吸合短接电阻 R_2，电动机启动结束进入正常运转。停止时，按下 SB2 即可。

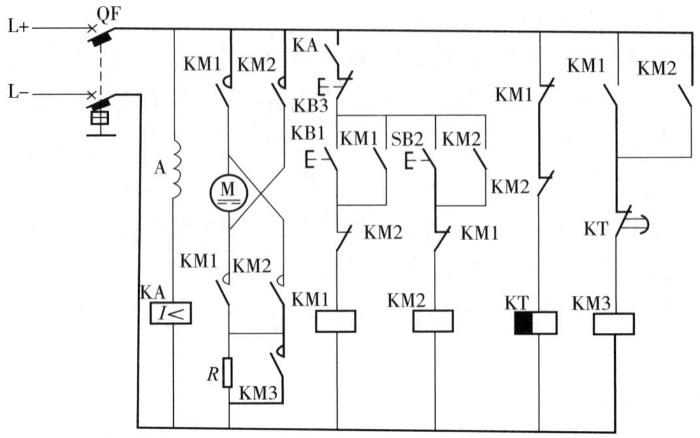

图 2-12　并励直流电动机串电阻启动控制电路图

二、并励直流电动机的正反转

在实际生产中,常常需要直流电动机既能正转又能反转。例如,直流电动机可以用来驱动龙门刨床的工作台进行往复运动,或用于矿井卷扬机的上下运动。改变直流电动机转动方向的方法主要有两种:一是电枢反接法,即保持励磁电流方向不变,仅改变电枢电流方向;二是励磁绕组反接法,即保持电枢电流方向不变,仅改变励磁电流方向。

在实际应用中,通常采用电枢反接法来实现并励直流电动机的反转,而不使用励磁绕组反接法。这是因为并励直流电动机的励磁绕组匝数较多,电感量较大。如果采用励磁绕组反接法,可能会产生较大的自感电动势,不仅容易在开关或接触器的主触点上产生电弧,导致触点烧损,还可能击穿励磁绕组的绝缘。此外,当励磁绕组断开时,失磁效应会导致电枢电流急剧增大,可能引发"飞车"事故。

并励电动机的正反转控制电路如图 2-13 所示。该线路的工作原理相对简单,读者可以自行分析。但需要特别注意的是,当电动机需要从一种转向切换到另一种转向时,必须先按下停止按钮 SB3,使电动机完全停转后,才能按下相应的起动按钮以实现安全的方向切换。

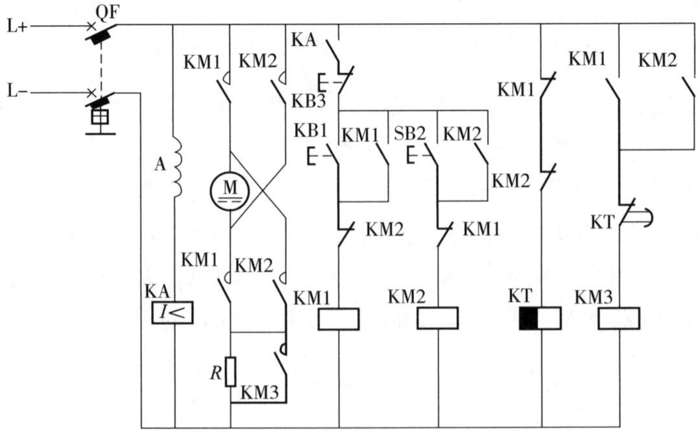

图 2-13　并励直流电动机正反转控制电路图

三、并励直流电动机的制动

直流电动机的制动方式与三相异步电动机类似,也分为机械制动和电力制动两大类。常见的机械制动方式是使用电磁抱闸制动器进行制动;而电力制动则包括能耗制动、反接制动和再生发电制动三种方法。由于电力制动具有制动力矩大、操作方便、无噪声等优点,因此在直流电力驱动中得到广泛应用。接下来,我们将重点介绍这三种电力制动方法。

1. 能耗制动控制线路

能耗制动是指在保持直流电动机的励磁电源不变的情况下,切断正在运转的电动机电枢电源,并在电枢回路中串联一个外加的制动电阻。通过这种方法,将电动机在惯性运转过程中产生的机械动能转化为热能,并消耗在电枢和制动电阻上,从而迫使电动机迅速停止运转。并励直流电动机的单向启动能耗制动控制电路如图 2-14 所示。

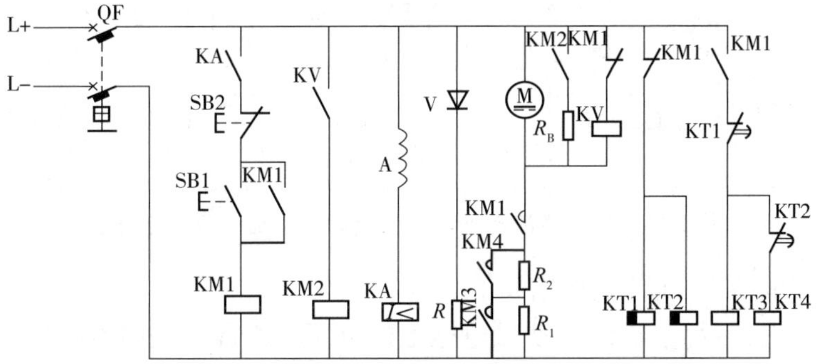

图 2-14　并励直流电动机单向启动能耗制动控制电路图

单向启动能耗制动控制电路的工作原理如下。

串电阻单向启动运转:合上电源开关 QF,按下起动按钮 SB1,电动机 M 接通电源,开始进行串电阻二级启动运转。这个控制过程与之前讲述的并励直流电动机电枢回路串电阻二级启动的原理相同。

能耗制动停转:按下按钮 SB2,接触器 KM1 断电复位,切断电动机电枢电源,同时 KM1 的常闭触点将电压继电器并联在电枢两端。此时,电动机的电枢虽然断电,但由于惯性仍然继续运转,并切割励磁磁通产生感生电动势,使电压继电器 KV 得电动作,触点接通 KM2 线圈, KM2 的触点接通制动电阻回路,开始进行制动。当电动机转速降低到一定值时,电枢绕组的感生电动势也相应降低,最终使欠压继电器 KV 释放复位,断开 KM2 线圈电源, KM2 触点断开制动回路,制动结束。

2. 反接制动控制线路

反接制动是通过改变电枢两端电压的极性或改变励磁电流的方向,来逆转电磁转矩的方向,从而产生制动力矩,迫使电动机迅速停转。在并励直流电动机中,反接制动通常通过将正在运行的电动机的电枢绕组反接来实现。在采用反接制动时,需注意以下两点。

(1)电枢绕组瞬间反接时的电流冲击:电枢绕组突然反接的瞬间,会在电枢绕组中产生很大的反向电流($I_a = \dfrac{-U - E_a}{R_a}$),这可能导致换向器和电刷产生强烈的火花,从而损伤设备。为了避免这种情况,必须在电枢回路中串联一个附加电阻,以限制电枢电流。附加电阻的大小通常可以近似取电枢的电阻值。

(2)防止电动机反转:当电动机转速降至零时,必须及时、准确地断开电枢回路的电源,以防止电动机发生反转。

并励直流电动机双向启动反接制动控制电路如图 2-15 所示。

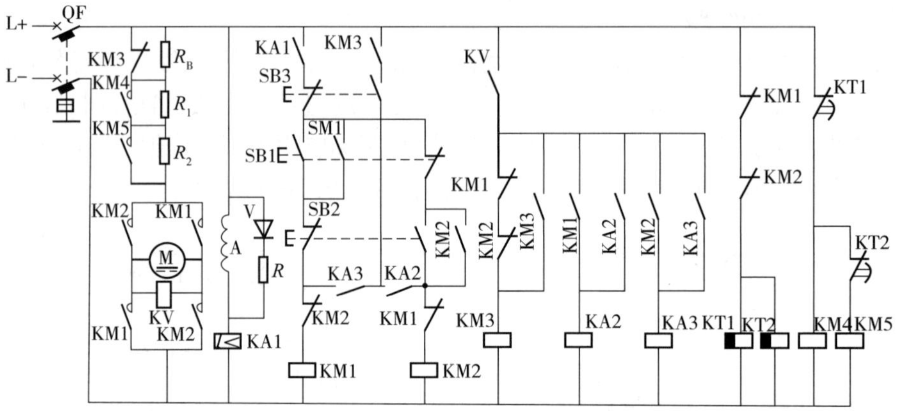

图 2-15 并励直流电动机双向启动反接制动控制电路图

在这个控制电路中,元件的作用如下。

KV:电压继电器,用于检测电动机电枢上的电压。KA1:欠电流继电器,用于检测电流情况,通常用于保护电路。KA2、KA3:中间继电器,用于实现逻辑控制和触发其他继电器或控制元件的动作。R_1 和 R_2:二级启动电阻,用于限制启动时的电流,避免电动机电枢电流过大。R_B:制动电阻,用于反接制动时,通过其消耗多余的电能,以限制电流和电压冲击。R:励磁绕组的放电电阻,用于释放励磁绕组中的能量,防止在断开励磁电源时产生高压。

正向启动过程:首先,合上低压断路器 QF,使励磁绕组得电,电流继电器 KA1 动作,准备启动。同时,时间继电器 KT1 和 KT2 得电,使接触器 KM4 和 KM5 的线圈失电,确保 R_1 和 R_2 串联在电枢回路中。按下起动按钮 SB1,电动机开始通过串联电阻进行二级启动。

反接制动准备过程:当电动机刚启动时,由于电枢中的反电动势接近于零,电压继电器 KV 不动作,接触器 KM3 和中间继电器 KA2、KA3 也处于失电状态。随着电动机转速的提升,反电动势逐渐建立,电压继电器 KV 得电动作,其常开触点闭合,中间继电器 KA2 得电,KA2 的常开触点闭合,为反接制动做准备。

反接制动过程:按下并保持按钮 SB3,此时接触器 KM1 失电复位, KM3 得电动作。由于在此之前 KA2 的常开触点已闭合,因此 KM2 得电动作,电动机开始通过串联电阻 R_B、R_1、R_2 进行反接制动。随着电动机转速的下降,电枢的反电动势也逐渐减小,直到电压继电器 KV 释放复位,使 KM3、KM2 和 KA2 失电复位,结束反接制动。

此线路的缺点:在反接制动过程中,必须一直按住按钮 SB3 直到制动结束。如果按下按钮后立即松开, KM2 线圈通过其自锁触点和 SB3 的常闭触点形成自锁,将导致反接制动结束后电动机会反向启动。为了解决这个问题, SB3 上方的 KM3 常开触点的作用是:确保只有在高速运转停止,并且 KM3 已先于 KM1 或 KM2 动作时,才能进入反接制动状态。

图 2-16 所示的是改进后的并励直流电动机双向启动反接制动控制电路。相比于图 2-11,该线路增加了一个中间继电器 KA4。这一改进既能满足电动机刚启动时的停止要求,又能保证电动机在高速运转后反向制动结束时不会再反向启动,从而避免了图 2-11 线路的缺点。其具体工作原理读者可自行分析。

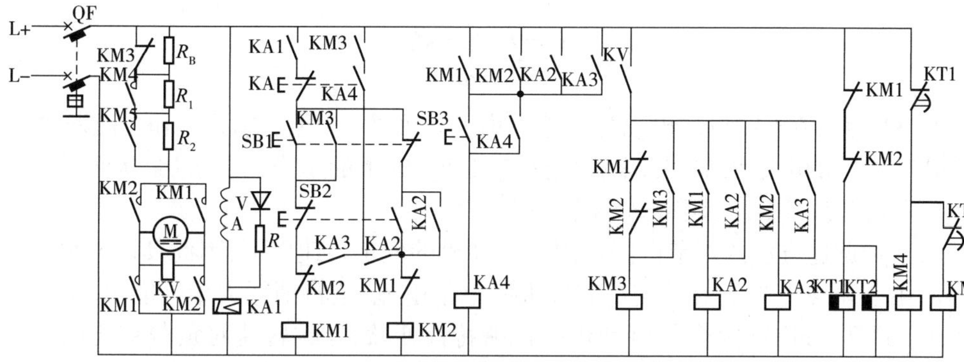

图 2-16　改进后的并励直流电动机双向启动反接制动控制电路

3. 再生发电制动

再生发电制动适用于电动机的转速大于空载转速的场合。在这种情况下,电动机的电枢产生的反电动势 E 大于电源电压 U,导致电枢电流的方向发生改变,电动机进入发电状态。这时,电动机不仅将拖动系统中的机械能转化为电能反馈回电网,还会产生制动力矩,限制电动机的转速,从而达到制动的目的。

四、并励直流电动机的调速

电动机的调速指的是在机械负载不变的情况下,通过调整电动机的转速来满足不同的生产需求。调速方式主要分为机械调速、电气调速和机械电气配合调速。

机械调速是通过改变机械传动装置(如变速箱)的传动比,进而调整生产机械的运行速度。这种调速方式是分级的,在变换齿轮时需要停车,否则容易损坏齿轮。小型机床通常采用机械调速方式进行调速。

电气调速是通过改变电动机的机械特性来调整其转速。电气调速可以简化机械传动机构,提高传动效率,并实现无级调速。调速过程中不需要停车,操作简单,并且便于实现自动控制。因此,电气调速在生产机械中得到了广泛应用,如各种大型机床、精密机床等都采用这种方式。然而,电气调速虽然优点众多,但也存在一些不足之处,如控制设备的一次性投资较大、控制线路较为复杂、维修难度较大等。

由于直流电动机在调速性能方面优于异步电动机,调速范围广,可以实现无级调速,并且便于自动控制,因此,在对调速要求较高的生产机械上,通常采用直流电动机作为拖动电动机。接下来,主要介绍直流电动机的电气调速方法。

根据直流电动机的转速公式 $n=\dfrac{U-I_aR_a}{C_e\Phi}$,直流电动机的调速可以通过以下三种方法实现:①电枢回路串电阻调速(改变 R_a);②改变主磁通调速(改变 Φ);③改变电枢电压调速(改变

U)。下面将分别介绍这三种调速方法。

1. 电枢回路串电阻调速

电枢回路串电阻调速是在电枢电路中串接调速变阻器来实现的。并励电动机电枢电路串接电阻调速原理如图 2-17 所示。当电枢电路串接变阻器 W(设其电阻为 R_p)后，电动机的转速为：

$$n=\frac{U-I_a(R_a+R_p)}{C_e\Phi}$$

式中，C_e 为直流电动机的电动势常数。由上式可见，当电源电压 U 和主磁通 Φ 保持不变时，调速变阻器的电阻 R_p 增大，电枢电流 I_a 在 R_a+R_p 上的压降也会增加，从而导致电动机的转速 n 下降；相反，减小电阻 R_p 会使转速上升。

然而，这种调速方法的调节区间仅限于电动机的额定转速以下，因此其调速范围相对有限。此外，由于调速电阻上要长期承载较大的电枢电流，这将消耗大量电能，造成经济上的不利影响。而且，外串电阻会使电动机的机械特性变软，导致转速对负载变化的敏感度增加，特别是在低速时，运行稳定性较差。

尽管如此，由于这种调速方法所需的设备简单且操作方便，它仍然适用于一些特定的场合，尤其是对于短期工作、功率不太大且机械特性要求不高的场合。例如，蓄电池搬运车、无轨电车、电池铲车以及吊车等生产机械仍然采用这种调速方法。

2. 改变主磁通调速

改变主磁通调速是通过调节励磁电流的大小来实现的。具体操作是：在励磁电路中串接一个变阻器 W(电阻为 R_p)，如图 2-18 所示。

调节励磁电路中的变阻器 W 会改变励磁电流 $I_f=\dfrac{U}{R_f+R_p}$(约为电枢电流的 3%~5%)，从而改变主磁通。由于励磁电流较小，调速过程中能量损耗较小，经济性较好，因此这种方法在直流电力拖动中得到广泛应用。

在并励直流电动机的额定运行状态下，磁通已经接近饱和，因此，改变主磁通调速时只能在额定磁通的基础上进行弱磁调速，即仅能将电动机转速调整到高于额定转速的范围内。转速调节不应过高，以免引起电动机振动过大、换向条件恶化，甚至发生“飞车”事故。

因此，这种调速方法通常与电枢回路串电阻调速方法配合使用，以扩大调速范围，确保在更广的转速范围内稳定运行。

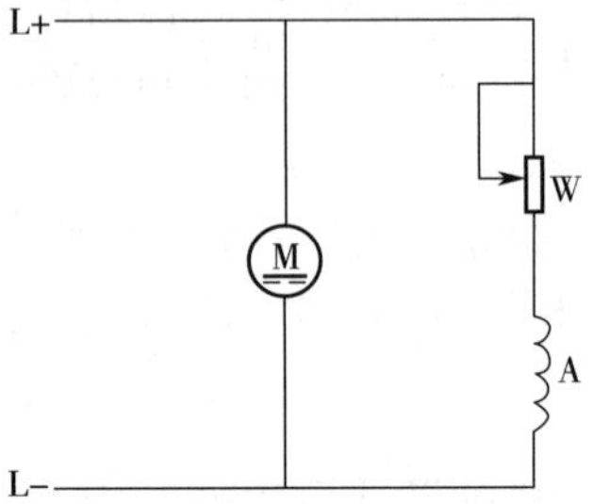

图 2-17　并励直流电动机电枢电路串接电阻调速原理图

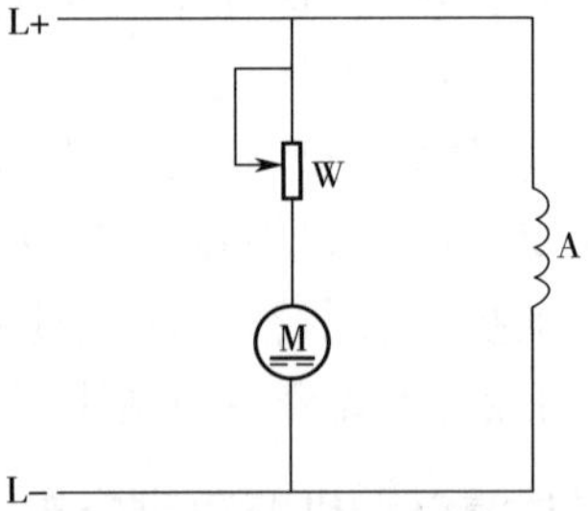

图 2-18　并励直流电动机改变主磁通调速原理图

3. 改变电枢电压调速

改变电枢电压调速可以实现较大范围内的平滑调速，并且电动机的机械特性保持不变。此外，在启动时可以通过逐步升高电枢电压来避免额外的启动设备。

这种调速方法能够在较大的范围内平滑调节电动机转速，电动机的机械特性硬度保持不变，启动时可采用逐步升高电枢电压的方法，无需额外的启动设备。电网电压一般是固定的，因此这种调速方法需要配置专用的直流电源调压设备，比较适用于他励直流电动机的调速控制。

在工业生产中，通常采用他励直流发电机作为他励直流电动机电枢的电源，形成直流发电机与电动机组合的拖动系统，简称 G-M 系统。G-M 系统的电路如图 2-19 所示。

在该系统中，Ml 是一台他励直流电动机，用于驱动生产机械；G1 是一台他励直流发电机，为电动机 Ml 提供电枢电压；G2 是一台并励直流发电机，既为电动机 Ml 和发电机 G1 提供励磁电压，又为控制电路提供直流电源；M2 是一台三相笼型异步电动机，用于驱动与之同轴连接的发电机 G1 和发电机 G2。A1、A2 和 A 分别是 G1、G2 和 Ml 的励磁绕组；R_1、R_2 和 R_p 是调节变阻器，分别用于调整 G1、G2 和 Ml 的励磁电流；KA 是过电流继电器，用于保护电动机 Ml 免受过载和短路的影响；SB1 和 KM1 组成正转控制电路；SB2 和 KM2 组成反转控制电路。

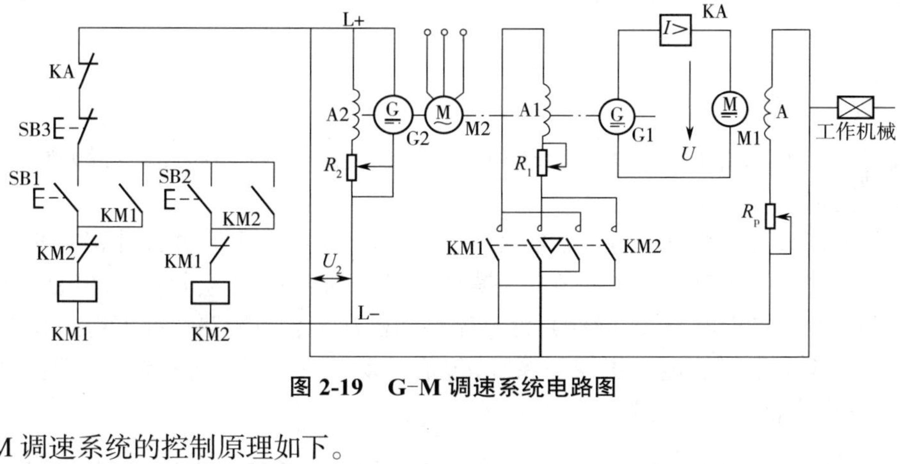

图 2-19 G-M 调速系统电路图

G-M 调速系统的控制原理如下。

励磁：首先启动发电机的原动机——三相笼型异步电动机 M2（控制电路图中未显示），以带动他励直流发电机 G1 和并励直流发电机 G2 同步旋转。发电机 G2 通过切割剩磁的磁力线产生感生电动势，输出直流电压，不仅为其自身提供励磁电压，还为 G-M 机组和控制电路供电。

启动：按下起动按钮 SB1（或 SB2），使接触器 KM1（或 KM2）线圈得电，动合触点闭合，发电机 G1 的励磁绕组 A1 接入电压开始励磁。由于发电机 G1 的励磁绕组 A1 电感较大，励磁电流逐渐增加，使 G1 产生的感生电动势和输出电压从零逐步上升，从而避免了直流电动机 Ml 启动时的电流冲击。因此，在电动机启动时，无需在电枢电路中串入启动电阻，即可实现平稳启动。

调速：启动前，将调节变阻器 R_p 调到零，R_1 调到最大，以使直流电压 U 逐步上升，直流电动机 Ml 从最低速逐渐加速至额定转速。启动后，若需调速，可先减小 R_1 的阻值，使发电机 G1 的励磁电流增大，从而提高 G1 的输出电压，即直流电动机 Ml 的电枢电压 U，进而提升电动机的转速。因此，调节 R1 的阻值可以改变直流发电机的输出电压 U，从而调节直流电动机的转速。然而，电枢电压 U 不能超过其额定电压，所以通常调节电阻 R_1 只能使电动机在低于额定转速的范围内平稳调速。当需要电动机在额定转速以上进行调速时，应首先调节 R_1 使电动机电枢电压 U 保持在额定值，然后增大电阻 R_p，降低直流电动机 Ml 的励磁电流，减少主磁通，从而提高电动机 Ml 的转速。

制动：若需使电动机停转，可按下停止按钮 SB3，使接触器 KM1（或 KM2）线圈失电，触点复位，断开直流发电机 G1 的励磁绕组 A1，发电机 G1 的输出电压即电动机 Ml 的电枢电压 U 降至零。但电动机 Ml 仍会沿原方向惯性运转，由于仍有励磁，切割磁力线会在电枢绕组中产生与原电流方向相反的感生电流，形成制动力矩，迫使电动机迅速停转。

综上所述，G-M 系统具有广泛的调速范围和良好的调速平稳性，可实现无级调速，具备较好的启动、调速、正反转和制动控制性能，因此曾广泛用于龙门刨床、重型锋床、轧钢机、矿井提升设备等生产机械上。然而，G-M 系统的设备存在费用高、机组多、占地面积大、效率较低、过渡过程时间较长等缺点。随着晶闸管技术的发展，现如今晶闸管整流装置作为直流电动机的可调电源的应用逐渐增多，晶闸管直流电动机调速系统也变得越来越广泛。

【巩固练习】

1. 设计一个并励直流电动机的启动和停止控制电路，包括如何使用接触器和按钮开关实现电动机的启动与停止。

2. 解释如何通过改变电枢电压来实现并励直流电动机的调速，并设计相应的电路。

3. 讨论通过改变励磁电流来调节并励直流电动机的转速，并绘制示意图说明电路原理。

4. 设计一个保护电路方案，确保并励直流电动机在过载或短路情况下得到有效保护。

5. 设计一个并励直流电动机控制系统，包括启动、停止、正反转和调速功能。绘制完整的电路图，并说明各部分的功能。

技能训练　并励直流电动机手动启动控制线路的安装与调试

一、目的要求

（1）通过实践操作，理解并励直流电动机启动过程中电流、电压的变化情况，以及如何通过手动控制实现平稳启动。

（2）通过实际安装与调试，培养学生的电气安装技能和对控制线路的分析能力。

（3）熟悉常用电气元件的使用。

二、工具、仪表及器材

将选用的工具、仪表及器材填入下表。

工具	电工常用工具				
仪表	MF47 型万用表、ZC25-3 型兆欧表、636 转速表、MG20(或 MG21)型电磁系钳形电流表				
器材	代号	名称	型号	规格	数量
	M	直流电动机			1
	QF	断路器			1
	FU	熔断器			2
	R_S	启动变阻器			1
	R_P	调速变阻器			1
	XT	端子板			1
		导线			若干
		控制板			1

三、步骤

线路的安装方法及步骤如下。

(1)根据图 2-12 所示电路图,牢固安装各电器元件,并进行正确布线。电源开关及起动变阻器的安装位置要接近电动机和被拖动的机械,以便在控制时能看到电动机和被拖动机械的运行情况。

(2)自检。安装完毕的控制线路板必须经过认真检查以后才允许通电试车,以防止错接、漏接,造成不能正常工作或短路事故。

(3)检查无误后通电试车。其操作顺序如下。

①合上电源开关 QF 前,让启动变阻器 R_S 的手轮置于最左端的 0 位,R_P 的阻值调到零。

②合上电源开关 QF。慢慢转动启动变阻器手轮,使手轮从 0 位逐步转至 5 位,逐级切除启动电阻。在每切除一级电阻后要停留数秒钟,用转速表测其转速并填入下表,用钳形电流表测量电枢电流,以观察电流的变化情况。

测量结果

手轮位置	1	2	3	4	5
转速(r/min)					

③调节变阻器 R_P,在逐渐增大其阻值时,要注意测量电动机转速,其转速不能超过电动机的弱磁转速 2 000 r/min。测量结果填入下表。

测量结果

手轮位置	1	2	3	4	5
转速/(r/min)					

④停转时,切断电源开关 QF,将调速变阻器 R_P 的阻值调到零,并检查启动变阻器 R_S 是否自动返回起始位置。

四、注意事项

(1)通电试车前,要认真检查励磁回路的接线,必须保证连接可靠,以防止电动机运行时出现因励磁回路断路失磁引起“飞车”事故。

(2)启动时,应使变阻器 R_P 短接,使电动机在满磁情况下启动;启动变阻器 R_S 要逐级切换,不可越级切换或一扳到底。

(3)直流电源若采用单相桥式整流器供电时,必须外接 15 mH 的电抗器。

(4)通电试车时,必须有指导教师在现场监护,同时做到安全文明生产。如遇异常情况,应立即断开电源开关 QF。

(5)变阻器安装在有剧烈振动或强烈颠簸以及垂直方向倾斜 5° 以上的地方时,可能引起失压保护的误动作。

五、评分标准

序号	评价内容	配分	评分标准	扣分	得分
1	实训器材准备	10	(1)电动机质量检查 5 分; (2)电器元件漏检或错检 5 分		
2	安装	20	(1)电动机安装是否符合要求 5 分; (2)其他元件安装是否紧固 5 分; (3)安装位置是否符合要求 5 分; (4)是否损坏元件 5 分		
3	布线	25	(1)是否按电路图接线 5 分; (2)连接点是否符合要求 5 分; (3)布线是否符合要求 5 分; (4)损伤导线绝缘或线芯 5 分; (5)是否会接直流电动机或启动变阻器 5 分		
4	通电试车	40	(1)操作顺序是否正确 10 分; (2)第一次试车是否正确成功 10 分;第二次试车是否正确成功 10 分;第三次试车是否正确成功 10 分		
5	素养目标考核	5	(1)环境整洁 1 分; (2)工具、仪表摆放整齐 1 分; (3)遵守安全规程 1 分; (4)积极进取,礼貌待人,团结协作 1 分; (5)认真阅读思政小文章,写出读后感想 1 分		
合计		100			

技能训练　并励直流电动机正反转及能耗制动控制线路的安装、调试与检修

一、目的要求

（1）了解并励直流电动机如何通过改变电枢电流方向实现正转和反转，并理解正反转控制线路的设计原理。

（2）理解如何通过控制电动机电枢回路的接入电阻，实现电动机的快速制动。

（3）通过实际操作，熟悉正反转及能耗制动控制线路中各电气元件的安装与接线方法，提升动手操作能力。

（4）在安装和调试过程中，严格遵守电气安全操作规范，增强安全防护意识。

二、工具、仪表及器材

工具	电工常用工具				
仪表	MF47 型万用表、ZC25-3 型兆欧表、636 转速表、MG20（或 MG21）型电磁系钳形电流表				
器材	代号	名称	型号	规格	数量
	M	Z 型并励直流电动机			1
	QF	低压断路器			1
	KM1~KM3	直流接触器			3
	KT	时间继电器			1
	KA	欠电流继电器			1
	SB1~SB3	按钮			3
	R	启动电阻器			1
		端子板			1
		导线			若干
		控制板			1

三、步骤

1. 安装训练

（1）按上表配齐所用的电器元件，并检查元件质量。

（2）根据图 2-13 所示电路图绘出布置图，然后在控制板上合理布置和牢固安装各电器元件，并贴上醒目的文字符号。

（3）在控制板上根据图 2-13 所示电路图进行正确布线和套编码套管。

（4）安装直流电动机。

（5）连接控制板外部的导线。

（6）自检。

（7）安装直流电动机。

（8）连接控制板外部的导线。

（9）自检。

（10）检查无误后通电试车。具体操作步骤是：首先，将启动变阻器 R 的阻值调到最大位置，合上电源开关 QF，按下正转起动按钮 SB1，用钳形电流表测量电枢绕组和励磁绕组的电流，观察其大小的变化；同时观察并记下电动机的转向，待转速稳定后，用转速表测其转速。然后按下 SB3 停车，并记下无制动停车所用时间 t；然后，按下反转起动按钮 SB2，用钳形电流表测量电枢绕组和励磁绕组的电流，观察其大小的变化；同时观察并记下电动机的转向，与前次观察比较是否两者方向相反。如果二者方向相同，应切断电源并检查接触器 KMI、KM2 主触头的接线正确与否，改正后重新通电试车。

（11）增加一只欠电压继电器 KV 和制动电阻 R_B，参照图 2-13 所示电路图，把正反转控制线路板改装成能耗制动控制线路板，检查无误后通电试车。具体操作步骤是：首先，合上电源开关 QF，按下起动按钮 SB1，待电动机启动转速稳定后，用转速表测其转速；然后，按下 SB2，电动机进行能耗制动，记下能耗制动所用时间 t，并与无制动所用时间比较，求出时间差。

2. 检修训练

（1）故障设置。在控制电路或主电路中人为设置电气自然故障两处。

（2）教师示范检修。教师进行示范检修时，可把下述检修步骤及要求贯穿其中，直至故障排除。用试验法来观察故障现象—用逻辑分析法缩小故障范围并在电路图上用虚线标出故障部位的最小范围—用测量法正确迅速地找出故障点—正确修复并迅速排除故障点—排除故障后通电试车。

（3）学生检修训练。教师示范检修后，再由指导教师重新设置两个故障点，让学生进行检修训练。在学生检修的过程中，教师要巡回进行启发性指导。

四、注意事项

1. 安装注意事项

（1）通电试车前要认真检查接线是否正确、牢靠，特别是励磁绕组的接线；各电器动作是否正常，有无卡阻现象；欠电流继电器、时间继电器以及欠电压继电器的数值是否满足要求。

（2）对电动机无制动停车所用时间 t 和能耗制动停车所用时间 b 进行比较，必须保证电动机的转速在两种情况下基本相同时，开始计时。

（3）制动电阻 R_B 的值，可按下式估算。

$$R_B = \frac{U^2}{P}$$

式中，U 代表电机两端电压，P 代表电动机功率。

（4）若遇异常情况，应立即断开电源停车检查。若带电检查，必须有指导教师在现场监护。

（5）训练应在规定的定额时间内完成，做到安全文明生产。

2. 检修注意事项

（1）要认真听取和仔细观察指导教师在示范过程中的讲解及检修操作。

（2）要熟练掌握电路图中各个环节的作用。

（3）故障分析、排除故障的思路和方法要正确。

（4）工具和仪表使用要正确。

（5）不能随意更改线路和带电触摸电器元件。

（6）带电检修故障时，必须有指导教师在现场监护，并要确保用电安全。

（7）检修必须在规定的时间内完成。

五、评分标准

序号	评价内容	配分	评分标准	扣分	得分
1	实训器材准备	5	（1）工具、仪表是否少选或错选 1 分； （2）电器元件是否选错型号和规格 2 分； （3）电器元件是否漏检或错检 2 分		
2	安装布线	40	（1）电动机安装是否符合要求 5 分； （2）电器布置是否合理 5 分； （3）元件安装是否符合要求 5 分； （4）是否损坏元件 5 分； （5）是否按电路图接线 5 分； （6）布线是否符合要求 5 分； （7）连接点是否松动、露铜过长、反圈等 5 分； （8）是否损伤导线纯缘层或线芯 2 分； （9）是否漏装或套错编码套管 3 分		
3	故障处理	40	（1）是否停电验电 5 分； （2）工具及仪表使用是否恰当 5 分； （3）排除故障的顺序是否正确 5 分； （4）是否能查出故障点 5 分； （5）查出故障点，但不能排除 5 分； （6）是否产生新的故障 5 分； （7）是否损坏电动机 5 分； （8）损坏电器元件或排故方法是否正确 5 分		
4	通电试车	10	（1）操作顺序是否正确 2 分； （2）继电器是否整定或整定错 2 分； （3）第一次试车是否成功 2 分；第二次试车是否成功 2 分；第三次试车是否成功 2 分		
5	素养目标考核	5	（1）环境整洁 1 分； （2）工具、仪表摆放整齐 1 分； （3）遵守安全规程 1 分； （4）积极进取，礼貌待人，团结协作 1 分； （5）认真阅读思政小文章，写出读后感想 1 分		
合计		100			

项目三　三相交流异步电动机

【教学目标】

1. 熟悉三相交流异步电动机的结构及工作原理。
2. 了解点动与连续运转控制线路。
3. 了解自锁与互锁控制线路。
4. 了解正反转控制线路。
5. 掌握降压启动控制线路，特别是星形-三角形（Y-Δ）降压启动控制线路。
6. 掌握电动机制动中的电气控制线路，尤其是反接制动和能耗制动控制线路。
7. 掌握双速异步电动机实现变极调速的电气控制线路。

三相异步交流电动机（又称感应电动机）是一种交流电动机，主要用来拖动各种生产机械。由于其结构简单、运行可靠、重量轻、价格便宜、运行效率高、使用和维护方便，得到了广泛的应用制造，缺点是功率因数较差、调速困难，增加了电力系统的无功负担。但总的来说，三相异步电动机仍是电力拖动的一个重要元件。

任务一　三相交流异步电动机结构及基本原理

【学习目标】

1. 掌握三相交流异步电动机的结构组成及各组成部分的作用。
2. 掌握定子绕组的两种接法。

【学习要点】

掌握三相交流异步电动机的结构及原理。

一、三相交流异步电动机的结构

三相交流异步电动机按转子结构的不同，可分为笼式和绕线式两种。三相异步电动机主要由定子和转子两大部分组成，定子、转子之间为气隙。除此之外，其还有轴承、机座、风扇等部件。笼型三相异步电动机的结构如图 3-1 所示。

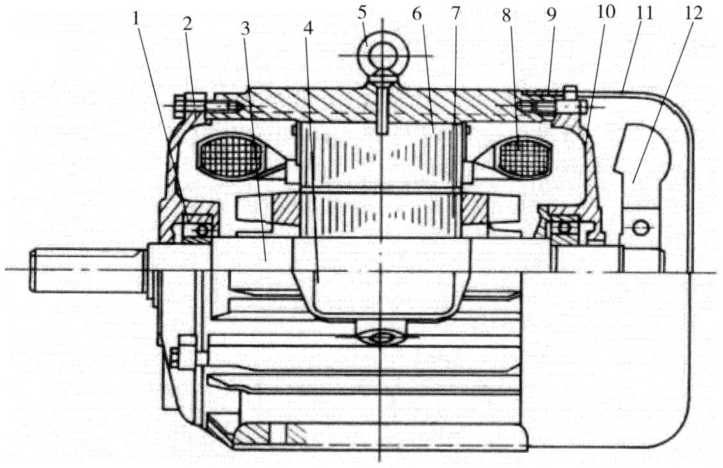

图 3-1　笼型三相异步电动机结构图

1—轴承；2—后端盖；3—转轴；4—接线盒；5—吊环；6—定子铁芯；
7—转子；8—定子绕组；9—机座；10—前端盖；11—风罩；12—风扇

1. 定子部分

三相交流异步电机定子主要由定子绕组、定子铁芯和机座三部分组成。

（1）定子绕组。定子绕组是电机的线路部分。三相交流异步电动机的定子绕组是一个三相对称绕组，它由三个完全相同的绕组组成，其中绕组用带绝缘的铜导线绕制，嵌在定子槽内，绕组与槽壁间用绝缘材料隔开。每个绕组即为一相，三个绕组在空间相差 120° 电角度，三相交流异步电动机定子绕组接法如图 3-2 所示。

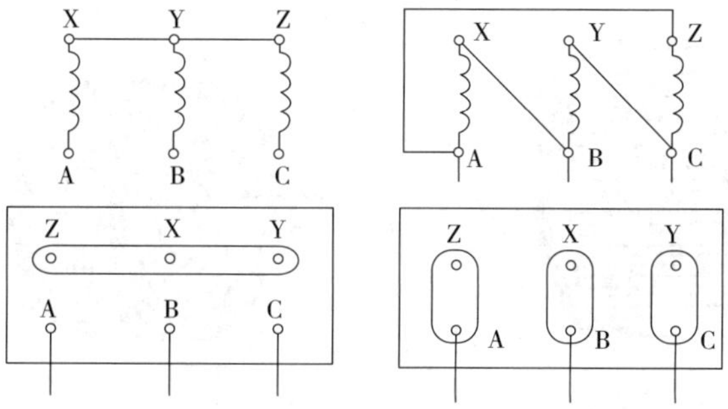

（a）星形联结　（b）三角形联结

图 3-2　三相交流异步电动机定子绕组接法

（2）定子铁芯。定子铁芯是电机磁路的一部分，放置对称的三相定子绕组。由于旋转磁场以同步速度相对于定子旋转，因此，定子铁芯中的磁通大小和方向都是变化的。为了减少其涡流损耗和磁滞损耗，定子铁芯用导磁性能好的硅钢片叠压而成，一般为 0.5 mm 厚，片间有绝缘层。

（3）机座。异步电动机的机座起固定和支撑定子铁芯的作用，一般用铸铁铸造而成。根据电动机防护方式、冷却方式和安装方式的不同，机座的形式也不同。

2. 转子部分

异步电机转子主要由转子绕组、转子铁芯和转轴三部分组成。

1)转子绕组

异步电动机的转子绕组分为绕线转子与笼型转子两种。

(1)绕线转子绕组。它是一个三相绕组,一般接成星形,三根引出线分别接到转轴上三个与转轴绝缘的集电环上,通过电刷装置与外线路相连。这就有可能在转子线路中串接电阻以改善电动机的运行性能,如图 3-3 所示。

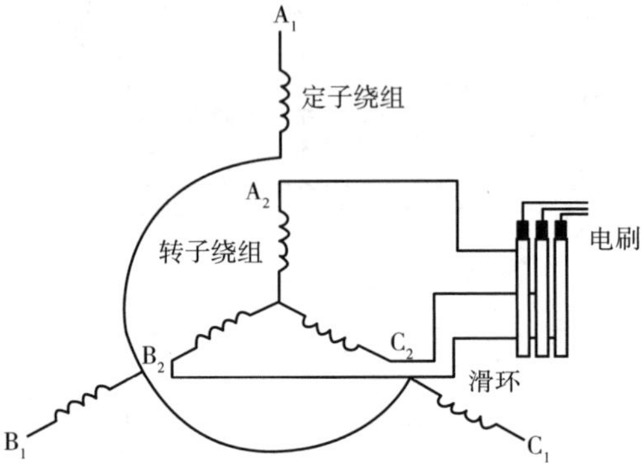

图 3-3 绕线转子绕组

(2)笼型转子绕组。在转子铁芯的每一个槽中插入一铜条(导条),在铜条两端各用一铜环(称为端环)把导条连接起来,这称为铜排转子。也可用铸铝的方法,把转子导条和端环风扇叶片用铝液一次浇铸而成,称为铸铝转子。笼型绕组因结构简单、制造方便、运行可靠,所以应用广泛,如图 3-4 所示。

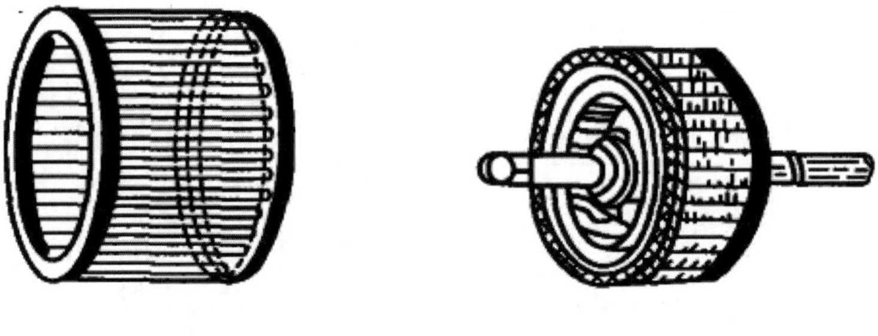

(a)铜条转子绕组 (b)铜条转子

图 3-4 笼型转子绕组

2)转子铁芯

转子铁芯的作用和定子铁芯相同,一方面作为电动机磁路的一部分,另一方面用来安放转子绕组。转子铁芯一般由厚 0.5 mm 的硅钢片叠成,铁芯固定在转轴或转子支架上。

3. 其他部分

其他部分包括端盖、风扇等。端盖除了防护作用外,其上还装有轴承,用以支撑转子轴;风扇则用来通风冷却。

定子、转子之间的空隙被称为气隙,它对电动机的性能有重大的影响。中小型异步电动机的气隙一般为 0.2~2.0 mm,微型电动机的更小,减小气隙可以减小励磁电流,提高功率因数，但会使谐波磁场增大，附加损耗增加，启动转矩下降。过小气隙还会使电动机装配困难，运行不可靠。因此为减小励磁电流，气隙应尽量小，但应在机械加工条件所允许的范围内。

每台异步电动机的机座上都有一个铭牌，上面标有型号、额定值和有关技术数据。

(1)型号。我国电机的产品型号一般采用大写印刷体的汉语拼音字母和阿拉伯数字组成。其中首字母是根据电机的全名称选择有代表意义的汉语拼音字母。

例如：

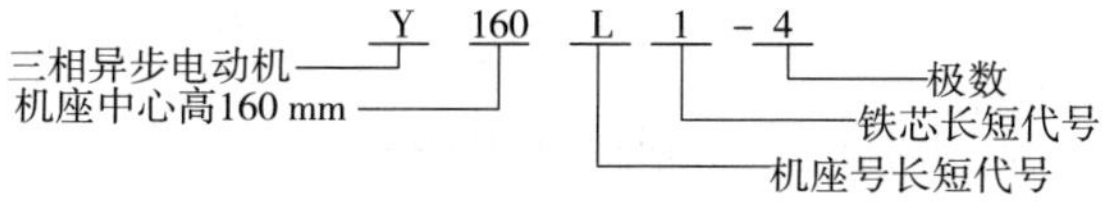

(2)额定功率(P)。其是指电动机在额定方式下运行时转轴上输出的机械功率，单位为 W 或 kW。

(3)额定电压(U_N)。其是指电动机在额定方式下运行时，定子绕组应加的线电压，单位为 V 或 kV。

(4)额定电流(I_N)。其是指电动机在额定电压和额定功率状态下运行时，流入定子绕组的线电流，单位为 A。

(5)额定频率(f)。其是指额定状态电源的交变频率，单位为 Hz。我国电网频率为 50 Hz。

(6)额定转速(n_N)。其是指在额定状态下运行时的转子转速，单位为 r/min。

二、三相异步电动机的工作原理

三相异步电动机的工作原理如图 3-5 所示。当一对称三相电流流入异步电机三相定子绕组时，定子、转子之间的气隙中便产生一个旋转磁场，该磁场以同步转速 n_1 旋转。转子导体切割磁场感应出电动势，该电动势在闭合的转子绕组中产生感应电流，旋转磁场与转子导体中的电流相互作用产生电磁转矩。

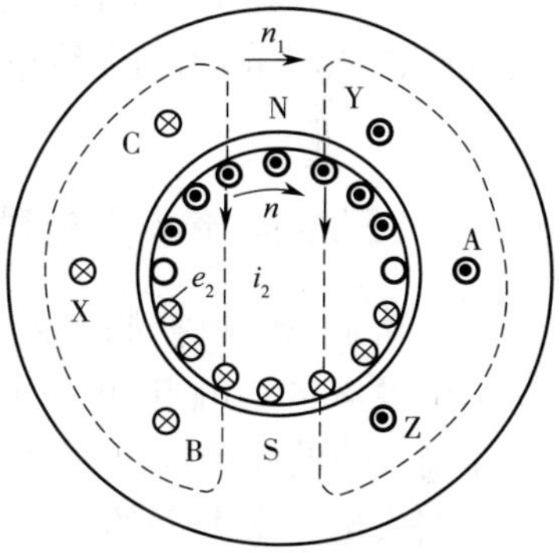

图 3-5　三相异步电动机的工作原理

由此可见，正常情况下，异步电机的转子转速 n 总是略低或略高于旋转磁场转速(即同步转速)n_1，它们之间的差(n_1-n)称为转差速度。转差速度与磁场转速 n_1 之比称为转差率 s，即：

$$s=\frac{n_1-n}{n_1}$$

转差率是决定异步电机运行状态的重要变量。异步电机的负载情况发生变化，转子导体中的电动势、电流和电磁转矩相应变化，则转子转速和转差率随之变化。按照转差率的大小与正负，异步电机运行状态可分为电动机运行状态、发电机运行状态和电磁制动状态三种。

【巩固练习】

1. 简述三相交流异步电动机的结构组成及各组成部分的作用。
2. 简述三相交流异步电动机的工作原理。

任务二 三相交流异步电动机启动控制线路

【学习目标】

1. 了解三相交流异步电动机点动控制线路工作原理。
2. 了解三相交流异步电动机连续运转控制线路工作原理。
3. 掌握三相交流异步电动机连续与点动混合控制线路工作原理。
4. 掌握三相交流异步电动机连续与点动混合控制线路的安装与调试。

【学习要点】

掌握三相交流异步电动机连续与点动混合控制线路。

异步电动机定子绕组接入电网后,转子从静止状态到稳定运行状态的过程称为异步电动机的启动。在电力拖动系统中,通常要求电动机应具有足够大的启动转矩,以拖动负载较快地达到稳定运行状态,而启动电流又不要太大,以免引起电网电压波动过大,影响电网上其他负载的正常工作。

三相交流异步电动机的点动、连续运转启动线路是最基本的常用电力拖动线路之一,是其他拖动线路的基础。

一、三相交流异步电动机点动控制线路

点动是电动机控制方式中的一种。在点动控制线路中没有自锁触点,也没有并接其他自动装置,按下控制线路的起动按钮,主线路得电;松开起动按钮,主线路失电。最典型的应用是行车控制线路。三相交流异步电动机点动控制线路如图 3-6 所示。

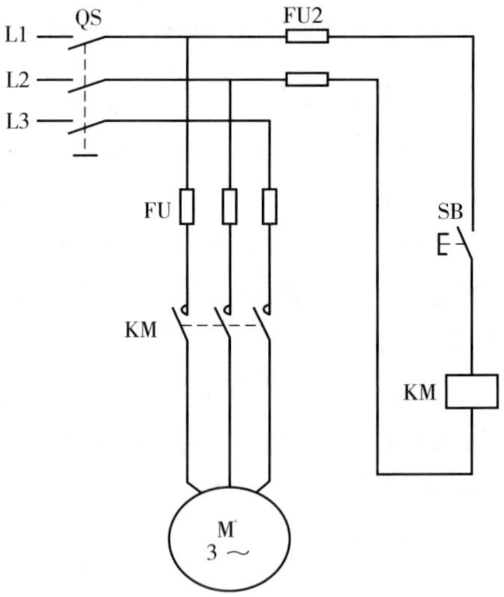

图 3-6 三相交流异步电动机点动控制线路

三相交流异步电动机点动控制线路工作原理分析如下。

(1)启动。合上电源开关 QS,接通三相电源,按下常开按钮 SB,接触器 KM 线圈得电,KM 主触点闭合,电动机 M 接通电源启动运转。

(2)停止。当需要电动机停转时,松开按钮 SB,接触器 KM 线圈失电, KM 的主触点断开,电动机 M 失电停转。

二、三相交流异步电动机连续运转控制线路

三相交流异步电动机连续运转控制线路是利用接触器的辅助触点在控制线路中形成的自锁来实现三相交流异步电动机的连续运转控制的。其中,接触器 KM 通过自身辅助常开触点使线圈保持得电的作用叫自锁,这种电路叫自锁电路;与起动按钮 SB1 并联起自锁作用的辅助常开触点叫自锁触点。三相交流异步电动机连续运转控制线路是电力拖动系统中用量最多、最典型的控制线路,主要用于水泵、风机、输送带等类型的生产机械。三相交流异步电动机连续运转控制线路如图 3-7 所示。

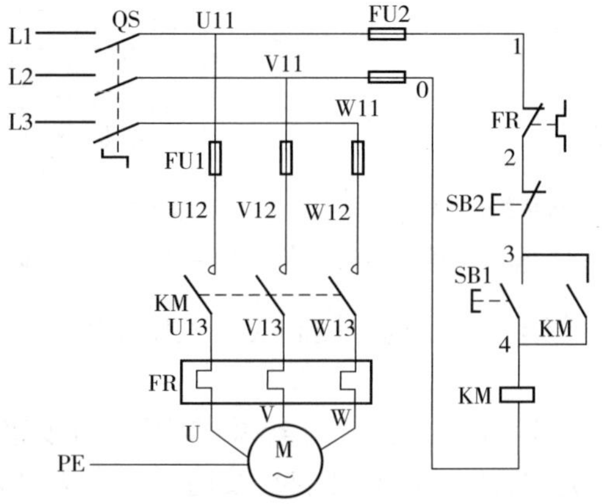

图 3-7　三相交流异步电动机连续运转控制线路

1. 三相交流异步电动机连续运转控制线路工作原理

三相交流异步电动机连续运转控制线路工作原理分析如下。

(1)启动。合上电源开关 QS,接通三相电源,按下起动按钮 SB1,接触器 KM 线圈得电,KM 三对主触点闭合,KM 的辅助常开触点闭合形成自锁,电动机 M 接通电源启动连续运转。

(2)停止。当需要电动机停转时,按下停止按钮 SB2,接触器 KM 线圈失电, KM 的三对主触点恢复断开,KM 辅助常开触点恢复断开解除自锁,电动机 M 失电停转。

2. 三相交流异步电动机连续运转

三相交流异步电动机连续运转控制线路具有电路保护功能,主要有以下几个方面。

(1)短路保护。由熔断器 FU1、FU2 分别实现主电路和控制电路的短路保护。

(2)过载保护。当电动机出现长期过载时,热继电器 FR 的热元件驱动其辅助常闭触点断开,接触器 KM 线圈失电,KM 主触点断开,电动机 M 失电停转。

(3)欠电压和失电压保护。当电源断电或电压严重不足时,接触器 KM 线圈失电, KM 主触点断开,KM 辅助常开触点断开,电动机 M 失电停转。

三、三相交流异步电动机连续与点动混合控制线路

三相交流异步电动机连续与点动混合控制线路如图 3-8 所示。图 3-8(a)所示的线路是在自锁线路的基础上,在自锁电路中串接了手动开关 SA。当把 SA 闭合或打开时,就可实现电动机的连续或点动控制。图 3-8(b)所示的线路是在自锁线路基础上增加复合按钮

SB3 而形成的，SB3 按钮的辅助常闭触点与 KM 自锁触点串接。

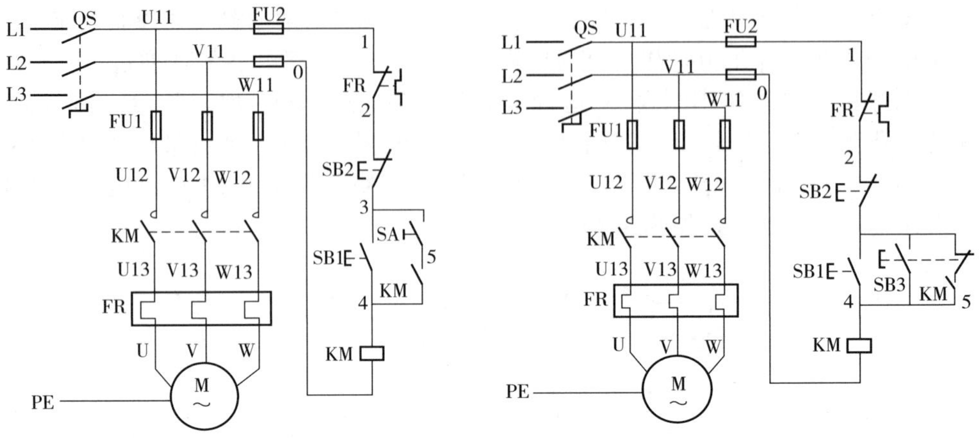

（a）手动开关控制的连续与点动混合控制线路 （b）复合按钮控制的连续与点动混合控制线路

图 3-8 三相交流异步电动机连续与点动混合控制线路

三相交流异步电动机连续与点动混合控制线路工作原理分析如下。

1. 点动部分

（1）启动。合上电源开关 QS，接通三相电源，按下起动按钮 SB3，接触器 KM 线圈得电，KM 主触点闭合，电动机 M 启动运转。同时，按钮 SB3 的常闭触点分断接触器 KM 用于自锁的辅助触点，使接触器 KM 不能自锁。

（2）停止。当需要电动机停转时，松开按钮 SB3，其辅助常开触点恢复断开、辅助常闭触点闭合（触点先断后合），接触器 KM 线圈失电，KM 主触点恢复断开，电动机 M 失电停转。

2. 连续运转部分

（1）启动。合上电源开关 QS，接通三相电源，按下连续起动按钮 SB3，接触器 KM 线圈得电，KM 主触点闭合，同时 KM 用于自锁的辅助触点闭合自锁，电动机 M 启动连续运转。

（2）停止。当需要电动机停转时，按下停止按钮 SB3，接触器 KM 线圈失电，KM 主触点恢复断开，用于自锁的辅助触点断开解除自锁，电动机 M 失电停转。

【巩固练习】

1. 简述三相交流异步电动机点动控制线路工作原理。
2. 简述三相交流异步电动机连续运转控制线路工作原理。
3. 简述三相交流异步电动机点动与连续运转控制线路工作原理。

技能训练 三相交流异步电动机连续与点动混合控制线路安装与调试

一、目的要求

（1）掌握三相交流异步电动机连续与点动混合控制线路的工作原理。

(2)掌握三相交流异步电动机连续与点动混合控制线路的接线及操作方式。

二、工具、仪表及器材

1. 工具

将选用的工具填入下表。

工具选用

序号	选用工具
1	
2	

2. 仪表

将选用的仪表填入下表。

仪表选用

序号	选用仪表
1	
2	

3. 器材

将选用的器材填入下表。

器材选用表

代号	名称	型号	规格	数量
M	三相笼型异步电动机			
QS	组合开关			
FU1	熔断器			
FU2	熔断器			
FR	热继电器			
SB1、SB2、SB3	按钮			
KM	接触器			
	端子板			
	控制板			
	主电路导线			
	控制电路导线			
	按钮导线			
	接地导线			

三、步骤

1. 安装前准备

（1）读图。阅读电气原理图，熟悉电路工作原理，明确电路所用电器元件及作用。

（2）器材准备。根据电气图配齐各种器材并检查。

（3）选用工具。根据元器件安装方式等选配安装工具。

2. 安装控制线路

安装线路需要遵循的原则如下。

（1）布线通道要尽可能减少。主线路、控制线路要分类清晰，同一类线路要单独布线。

（2）同一平面内的导线要避免交叉，当必须交叉时，布线线路要清晰，便于识别。

（3）布线应横平竖直，走线改变方向时，应垂直转向。

（4）布线一般以接触器为中心，由里向外、由低至高，以不妨碍后续布线为原则。

（5）布线一般按照先控制线路，后主电路的顺序。主电路和控制线路要尽量分开。

（6）导线与接线端子或接线柱连接时，应不压绝缘层、不反圈及不露铜过长，并做到同一元件、同一回路的不同接点的导线间距离保持一致。

（7）一个电器元件接线端子上的连接导线不得超过两根。每节接线端子板上的连接线一般只允许连接一根。

（8）布线时，严禁损伤线芯和导线绝缘。

（9）布线时，不在控制板上的电器元件要从端子排上引出。

（10）布线时，要确保连接牢靠，用手轻拉不会脱落或断开。

3. 检查布线

用万用表检查各连线的电连接，保证连接正确，没有短路或断路。

4. 安装并连接电动机

先连接电动机和按钮金属外壳的保护接地线，然后接电动机板外部的导线，最后连接电源。连接电源时，要保证低压断路器处在断开状态。

5. 自检

（1）按电路图或接线图从电源端开始，逐段核对连线是否正确，连接点是否符合要求，不要有导线的线头露在外面。

（2）用万用表进行检查时，应选用电阻挡的适挡倍率，并进行校零，以防错漏、短路故障。

（3）检查主电路时，可以用手动来代替接触器受电线圈励磁吸合时的情况进行检查。

6. 校验

略。

7. 通电试车

略。

四、注意事项

（1）工具和仪表的使用应符合使用要求。

（2）电动机和按钮的金属外壳必须可靠接地。

（3）接至电动机的导线必须结实，有良好的绝缘性能。

（4）接线时，先接控制端，后接电源端；先接接地端，后接电源端。

（5）点动按钮的常闭触头恢复闭合的时间必须大于接触器的释放时间。

（6）安装完毕的控制线路板必须经过认真检查后，才允许通电试车，以防止错接、漏接，造成不能正常运转或短路事故。

（7）线路检查必须在断电的情况下进行，必须有专业教师在现场进行指导，以确保用电安全。

五、评分标准

评分标准

序号	评价内容	配分	评分标准	扣分	得分
1	工具、仪表、器材选用	15	（1）工具、仪表少选或错选，每个扣2分； （2）电器元件选错型号和规格，每个扣2分		
2	装前检查	5	电器元件漏检或错检，每处扣1分		
3	元器件安装	20	（1）元件布置不整齐、不匀称、不合理，每个元件扣1分； （2）元件安装不牢固、安装元件时漏装螺钉，每个元件扣1分； （3）损坏元件，每个元件扣2分； （4）电器布置不合理扣5分		
4	接线	30	（1）不按电路图接线扣10分； （2）接线不符合要求，每根扣2分； （3）接点松动、露铜过长、压绝缘层等，每处扣1分； （4）损伤导线绝缘或线芯，每根扣1分； （5）漏接接地线扣10分		
5	通电试验	20	（1）热继电器未整定或整定错误扣2分； （2）主、控电路配错熔体，每个扣1分； （3）一次试车不成功扣5分；二次试车不成功扣10分；三次试车不成功扣20分		
6	安全文明生产	10	（1）不按照安全规定操作扣5分； （2）自身防护不到位扣5分； （3）操作完成后工具、仪表等未归位或者未放置整齐扣5分； （4）出现短路或触电扣10分		
合计		100			

任务三　三相交流异步电动机正反转控制线路

【学习目标】

1. 了解三相交流异步电动机接触器联锁正反转控制的工作原理。

2. 了解三相交流异步电动机按钮联锁正反转控制的工作原理。
3. 掌握三相交流异步电动机双重联锁正反转控制的工作原理。
4. 掌握三相交流异步电动机双重联锁正反转线路的安装与调试。

【学习要点】

掌握三相交流异步电动机双重联锁正反转混合控制线路。

正转控制线路使电动机只能向固定的一个方向运转，电动机带动生产机械的运动部件也只能实现一个方向的运动。但在实际生产过程中，许多生产机械往往要求运动部件能够实现正、反两个方向的运动，如机床工作台的前进与后退、万能铣床主轴的正转与反转等。这就要求电动机能实现正反转控制。改变电动机的转动方向的本质是改变电动机三相电源的相序，下面主要介绍几种常用的正反转控制线路。

一、三相交流异步电动机接触器联锁正反转控制线路

三相交流异步电动机接触器联锁正反转控制线路如图 3-9 所示。图中采用两个接触器，KM1 和 KM2 分别控制电动机正转和反转，KM1 由 SB1 按钮控制，KM2 由 SB2 按钮控制，SB3 为停止按钮。KM1 和 KM2 接触器的主触点所接通的电源相序不同，KM1 按 L1—L2—L3 相序接线，KM2 则按 L3—L2—L1 相序接线。控制电路有两条：一条是由按钮 SB1 和 KM1 线圈等组成的正转控制电路；另一条是由按钮 SB2 和 KM2 线圈等组成的反转控制电路。

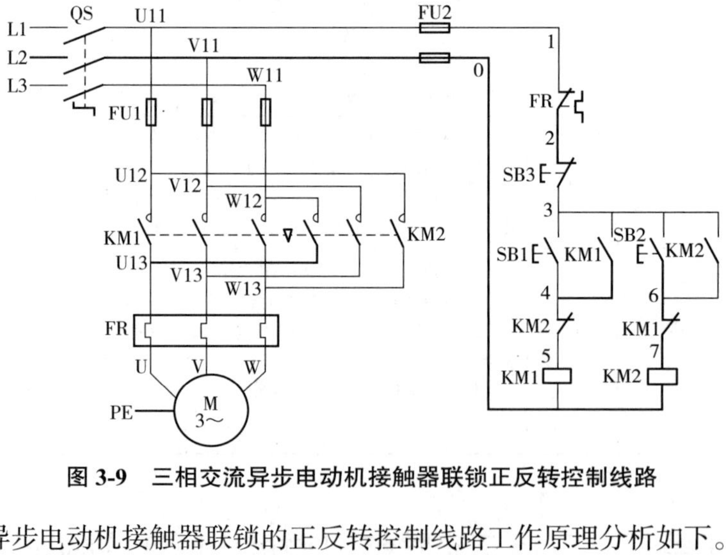

图 3-9 三相交流异步电动机接触器联锁正反转控制线路

三相交流异步电动机接触器联锁的正反转控制线路工作原理分析如下。

(1)先合上电源开关 QS。

(2)正转控制。

按下 SB1 → KM1 线圈得电 →
- → KM1 自锁触点闭合自锁 ┐
- → KM1 主触点闭合 ┘ → 电动机 M 正转
- → KM1 联锁触点分断对 KM2 联锁

(3)反转控制。

先按下 SB1 → KM1 线圈失电 →
- → KM1 自锁触点断开解除自锁 ┐
- → KM1 主触点断开 ┘ → 电动机 M 失电停转
- → KM1 联锁触点恢复闭合,触除对 KM2 联锁

再按下 SB2 → KM2 线圈得电 →
- → KM2 自锁触点闭合自锁 ┐
- → KM2 主触点闭合 ┘ → 电动机 M 反转
- → KM2 联锁触点分断对 KM1 联锁

(4)停止。按下停止按钮 SB3,控制电路失电, KM1 或 KM2 主触点断开,电动机 M 失电停转。

需要特别注意,接触器 KM1 和 KM2 的主触点同时闭合的话,会造成 L1、L3 两相电源短路。为了避免两个接触器 KM1 和 KM2 同时得电动作,在正反转接触器线圈电路中分别串入对方接触器的一对辅助常闭触点,这样防止了相间短路。接触器 KM1 和 KM2 这两对辅助常闭触点在电路中起的作用称为联锁作用,实现联锁作用的辅助常闭触点称为联锁触点。

此电路缺点是电动机由正转变为反转的过程中,必须先按停止按钮,之后再按反向按钮,这样才能实现反转,操作不太方便。

二、三相交流异步电动机按钮联锁正反转控制线路

三相交流异步电动机按钮联锁正反转控制线路如图 3-10 所示。

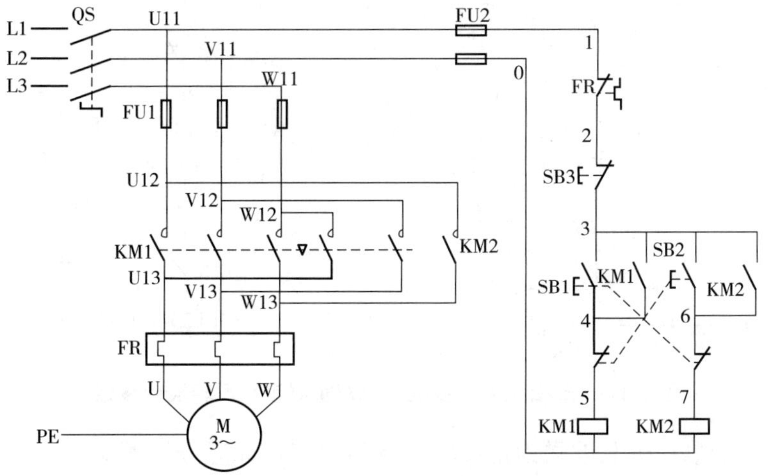

图 3-10　三相交流异步电动机按钮联锁正反转控制线路

三相交流异步电动机按钮联锁正反转控制线路工作原理分析如下。

（1）先合上电源开关 QS。

（2）正转控制。

按下 SB1
- → SB1 辅助常闭触点先断开 KM2 联锁（切断反转控制电路）
- → SB1 辅助常开触点后闭合 → KM1 线圈得电
  - → KM1 自锁触头闭合
  - → KM1 主触头闭合 → 电动机 M 正转

（3）反转控制。

按下 SB2
- → SB2 辅助常闭触点先断开 → KM1 线圈失电
  - → KM1 自锁触头断开解除自锁
  - → KM1 主触头断开 → 电动机 M 停转
- → SB2 辅助常开触点后闭合 → KM2 线圈得电
  - → KM2 自锁触头闭合自锁
  - → KM2 主触头闭合 → 电动机 M 反转

（4）停止。按下停止按钮 SB3，电动机 M 停止运行。

这种线路操作方便，不需要按停止按钮就可以直接进行正反转切换，但因操作过快，容易产生相间短路。

三、三相交流异步电动机双重联锁正反转控制线路

三相交流异步电动机双重联锁正反转控制线路是在按钮联锁的基础上，增加了接触器联锁，就构成按钮、接触器双重联锁的正反转控制线路。此线路克服了接触器联锁正反转控制线路和按钮联锁正反转线路的不足，具有安全可靠、操作方便的性能，应用十分广泛。

三相交流异步电动机双重联锁正反转控制线路如图 3-11 所示。

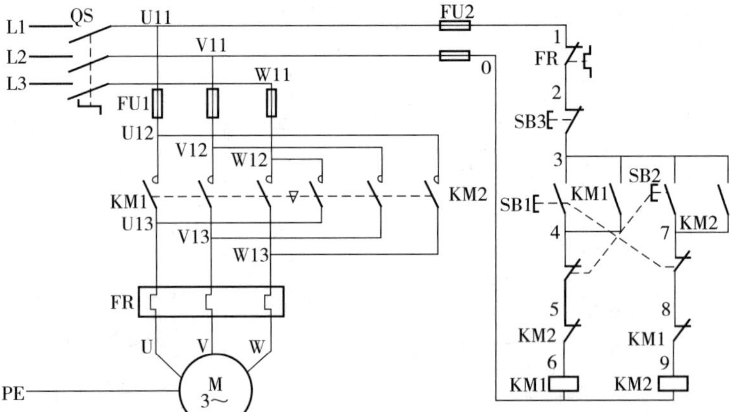

图 3-11　三相交流异步电动机双重联锁正反转控制线路

三相交流异步电动机双重联锁正反转控制线路工作原理分析如下。

（1）合上电源开关 QS。

（2）正转控制。

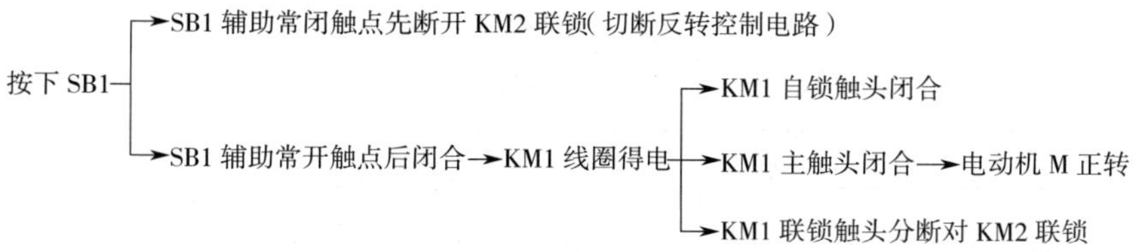

（3）反转控制。

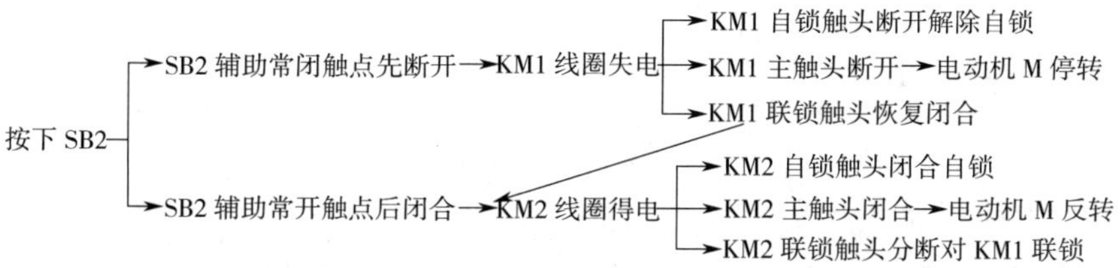

（4）停止。按下停止按钮 SB3，切断控制回路电源，电动机 M 停止运行。

【巩固练习】

1. 简述三相交流异步电动机接触器联锁正反转控制工作原理。
2. 简述三相交流异步电动机按钮联锁正反转控制工作原理。
3. 简述三相交流异步电动机双重联锁正反转控制工作原理。

技能训练　三相交流异步电动机双重联锁正反转控制线路安装与调试

一、目的要求

（1）掌握三相交流异步电动机双重联锁正反转控制线路的工作原理。
（2）掌握三相交流异步电动机双重联锁正反转控制线路的接线及操作方式。

二、工具、仪表及器材

1. 工具

将选用的工具填入下表。

工具选用

序号	选用工具
1	
2	

2. 仪表

将选用的仪表填入下表。

仪表选用

序号	选用仪表
1	
2	

3. 器材

将选用的器材填入下表。

器材选用表

代号	名称	型号	规格	数量
M	三相笼型异步电动机			
QS	组合开关			
FU1	熔断器			
FU2	熔断器			
FR	热继电器			
SB1、SB2、SB3	按钮			
KM	接触器			
	端子板			
	控制板			
	主电路导线			
	控制电路导线			
	按钮导线			
	接地导线			

三、步骤

1. 安装前准备

(1)读图。阅读电气原理图,熟悉电路工作原理,明确电路所用电器元件及作用。

(2)器材准备。根据电气图配齐各种器材并检查。

(3)选用工具。根据元器件安装方式等选配安装工具。

2. 安装控制线路

安装线路需要遵循的原则如下。

(1)布线通道要尽可能减少。主线路、控制线路要分类清晰,同一类线路要单独布线。

(2)同一平面内的导线要避免交叉,当必须交叉时,布线线路要清晰,便于识别。

（3）布线应横平竖直，走线改变方向时，应垂直转向。

（4）布线一般以接触器为中心，由里向外、由低至高，以不妨碍后续布线为原则。

（5）布线一般按照先控制线路，后主电路的顺序。主电路和控制线路要尽量分开。

（6）导线与接线端子或接线柱连接时，应不压绝缘层、不反圈及不露铜过长，并做到同一元件、同一回路的不同接点的导线间距离保持一致。

（7）一个电器元件接线端子上的连接导线不得超过两根。每节接线端子板上的连接线一般只允许连接一根。

（8）布线时，严禁损伤线芯和导线绝缘。

（9）布线时，不在控制板上的电器元件要从端子排上引出。

（10）布线时，要确保连接牢靠，用手轻拉不会脱落或断开。

3. 检查布线

用万用表检查各连线的电连接，保证连接正确，没有短路或断路。

4. 安装并连接电动机

先连接电动机和按钮金属外壳的保护接地线，然后接电动机板外部的导线，最后连接电源。连接电源时，要保证低压断路器处在断开状态。

5. 自检

（1）按电路图或接线图从电源端开始，逐段核对连线是否正确，连接点是否符合要求，不要有导线的线头露在外面。

（2）用万用表进行检查时，应选用电阻挡的适当倍率，并进行校零，以防错漏短路故障。

（3）检查主电路时，可以用手动来代替接触器受电线圈励磁吸合时的情况进行检查。

6. 校验

略。

7. 通电试车

略。

四、注意事项

（1）接触器联锁触点接线必须正确，否则会造成主电路两相电源短路事故。

（2）工具和仪表的使用应符合使用要求。

（3）电动机绕组必须按照铭牌要求连接成△形（三角形）或者Y形（星形）。

（4）接至电动机的导线必须结实，有良好的绝缘性能。

（5）接线时，先接控制端，后接电源端；先接接地端，后接电源端。

（6）熔断器接线要正确，以确保用电安全。

（7）电动机和按钮的金属外壳必须可靠接地。

（8）安装完毕的控制线路板必须经过认真检查后，才允许通电试车，以防止错接、漏接，造成不能正常运转或短路事故。

（9）线路检查必须在断电的情况下进行，必须有专业教师在现场进行指导，以确保用电安全。

五、评分标准

评分标准

序号	评价内容	配分	评分标准	扣分	得分
1	工具、仪表、器材选用	15	(1)工具、仪表少选或错选,每个扣2分; (2)电器元件选错型号和规格,每个扣2分		
2	装前检查	5	电器元件漏检或错检,每处扣1分		
3	元器件安装	20	(1)元件布置不整齐、不匀称、不合理,每个元件扣1分; (2)元件安装不牢固、安装元件时漏装螺钉,每个元件扣1分; (3)损坏元件,每个元件扣2分; (4)电器布置不合理扣5分		
4	接线	30	(1)不按电路图接线扣10分; (2)接线不符合要求,每根扣2分; (3)接点松动、露铜过长、压绝缘层等,每处扣1分; (4)损伤导线绝缘或线芯,每根扣1分; (5)漏接接地线扣10分		
5	通电试验	20	(1)热继电器未整定或整定错误扣2分; (2)主、控电路配错熔体,每个扣1分; (3)一次试车不成功扣5分;二次试车不成功扣10分;三次试车不成功扣20分		
6	安全文明生产	10	(1)不按照安全规定操作扣5分; (2)自身防护不到位扣5分; (3)操作完成后工具、仪表等未归位或者未放置整齐扣5分; (4)出现短路或触电扣10分		
合计		100			

任务四　三相交流异步电动机降压启动控制线路

【学习目标】

1. 了解三相交流异步电动机接触器控制的串电阻降压启动控制线路的工作原理。
2. 了解三相交流异步电动机时间继电器控制的串电阻降压启动控制线路的工作原理。
3. 掌握三相交流异步电动机接触器控制的星形-三角形(Y- △)降压启动线路的工作原理。
4. 掌握三相交流异步电动机时间继电器控制的星形-三角形(Y- △)降压启动线路的工作原理。

【学习要点】

掌握三相交流异步电动机星形-三角形(Y-△)降压启动控制线路。

三相异步电动机启动时启动电流很大,当电源容量不够时,为了降低启动电流,异步电动机需要降压启动。其主要方法是借助一些设备,使启动时定子绕组的相电压低于额定电压,从而减少启动电流。不过此时启动转矩也会相应减小,对于启动转矩要求不高的负载可采用这种方法。对于较大容量的电动机,启动时常采用降压启动方式。常用的降压启动方法有串电阻启动、星形-三角形(Y-△)启动、自耦变压器启动、延边三角形启动等,下面主要介绍串电阻启动和星形-三角形(Y-△)启动两种常见形式。

一、串电阻降压启动控制线路

串电阻降压启动是指电动机启动时,在电动机定子绕组上串接电阻,通过电阻的分压使加在电动机定子绕组上的电压低于电源电压,待电动机启动转速稳定后,再将串接的电阻短接,使电动机在额定电压下正常工作运行。串电阻启动属于降压启动,可以降低启动电流。但外串电阻器有较大的有功功率损耗,不利于节能,不适用于大、中型异步电动机。

1. 接触器控制

接触器控制降压启动控制线路图如图 3-12(a)所示。其原理分析如下。

先合上电源开关 QS。按下按钮 SB1,KM1 线圈获电,KM1 主触头闭合,电动机降压启动,同时 KM1 常开辅助触头闭合自锁,为接通后面电路作准备。当电动机转速接近额定值时,再按 SB2 实行全压运转,此时,KM2 线圈获电,KM2 主触头闭合,*R* 被短接,电动机全压运转,同时 KM2 常开辅助触头闭合自锁。停止时,按下 SB3 按钮。

2. 时间继电器自动控制

时间继电器自动控制线路图如图 3-12(b)所示。其工作原理分析如下。

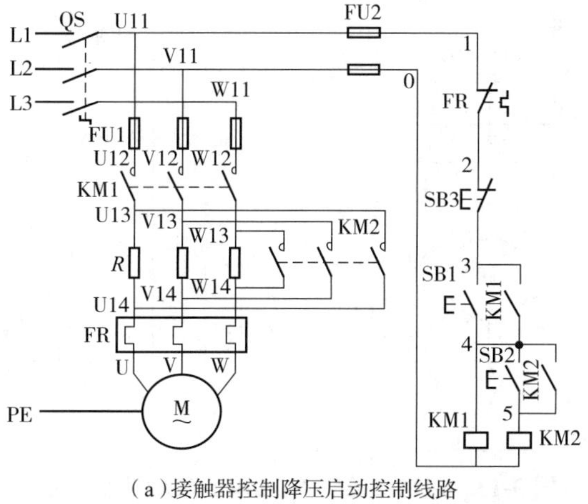

(a)接触器控制降压启动控制线路

图 3-12　串电阻手动控制降压启动控制线路

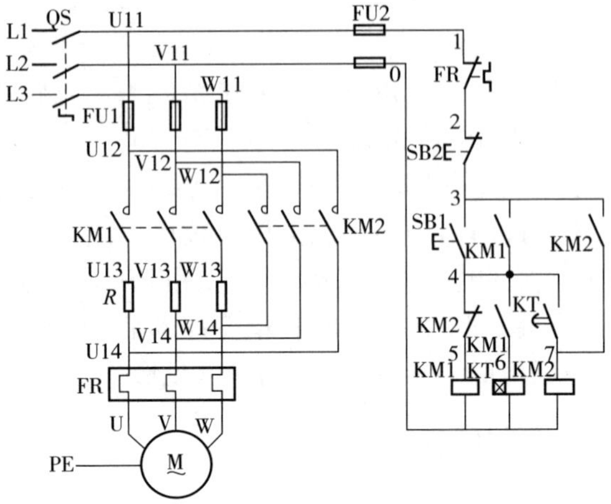

（b）时间继电器自动控制控制降压启动控制线路

图 3-12 串电阻手动控制降压启动控制线路（续）

合上电源开关 QS，按下按钮 SB1，KM1 线圈得电并自锁，电动机 M 串接电阻 *R* 线路降压启动的同时，时间继电器 KT 线圈得电开始计时，计时时间到，KT 延时触点闭合，KM2 线圈得电，电阻 *R* 被短接，电动机 M 全压运行。停止时，按下 SB2 即可实现。

二、星形-三角形（Y-△）降压启动控制线路

1. 接触器控制

接触器控制 Y-△降压启动控制线路如图 3-13 所示。其工作原理分析如下。

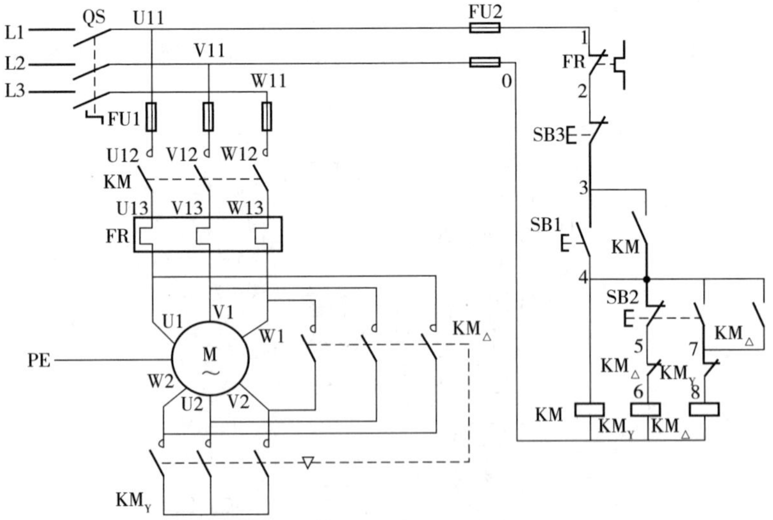

图 3-13 接触器控制 Y-△降压启动控制线路

（1）电动机 Y 接法启动。

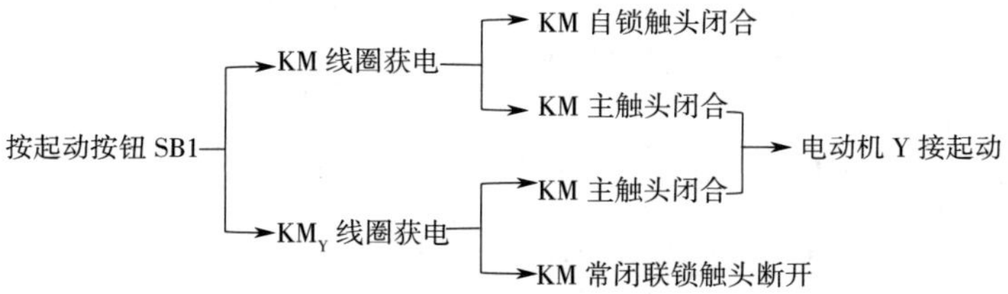

（2）当电动机转速升高到一定值时，按起动按钮 SB2，使电动机△接法运行。

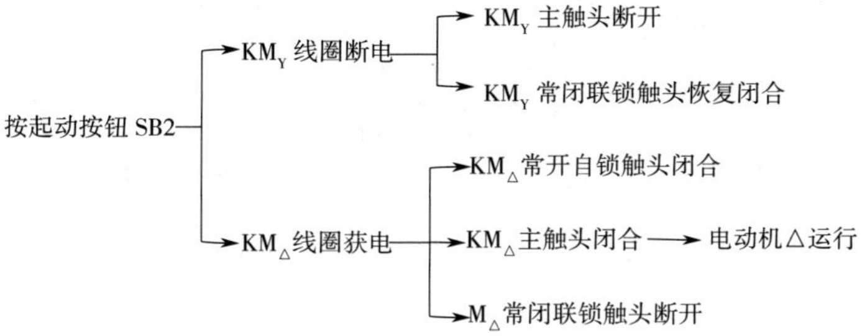

2. 时间继电器自动控制 Y- △降压启动线路

时间继电器自动控制 Y- △降压启动线路如图 3-14 所示。其工作原理分析如下。

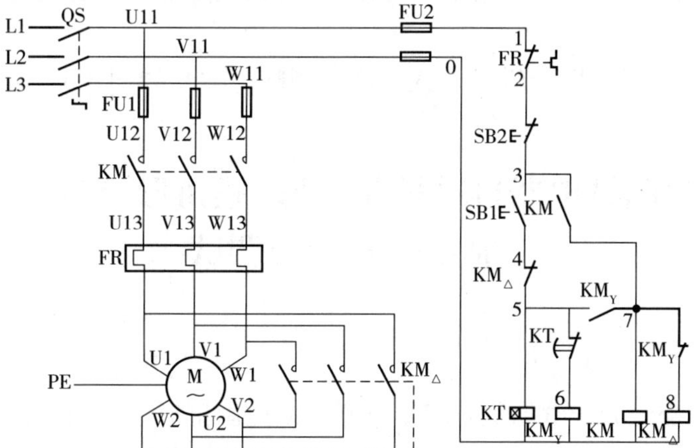

图 3-14　接触器控制 Y- △降压启动控制线路

合上开关 QS。

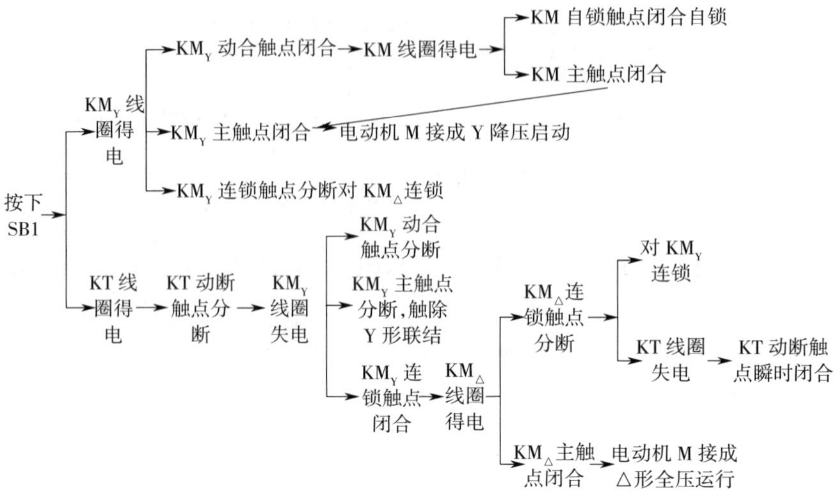

【巩固练习】

1. 简述三相交流异步电动机接触器控制的串电阻降压启动控制线路的工作原理。

2. 简述三相交流异步电动机时间继电器控制的串电阻降压启动控制线路的工作原理。

3. 简述三相交流异步电动机接触器控制的星形-三角形(Y- △)降压启动线路的工作原理。

4. 简述三相交流异步电动机时间继电器控制的星形-三角形(Y- △)降压启动线路的工作原理。

技能训练 时间继电器自动控制星形-三角形(Y- △)降压启动控制线路安装与调试

一、目的要求

(1)掌握三相交流异步电动机时间继电器自动控制星形-三角形(Y- △)降压启动控制线路的工作原理。

(2)掌握三相交流异步电动机时间继电器自动控制星形-三角形(Y- △)降压启动控制线路的接线及操作方式。

二、工具、仪表及器材

1. 工具

将选用的工具填入下表。

工具选用

序号	选用工具
1	
2	

2. 仪表

将选用的仪表填入下表。

仪表选用

序号	选用仪表
1	
2	

3. 器材

将选用的器材填入下表。

器材选用表

代号	名称	型号	规格	数量
M	三相笼型异步电动机			
QS	组合开关			
FU1	熔断器			
FU2	熔断器			
FR	热继电器			
SB1、SB2、SB3	按钮			
KM	接触器			
	端子板			
	控制板			
	主电路导线			
	控制电路导线			
	按钮导线			
	接地导线			

三、步骤

1. 安装前准备

(1)读图。阅读电气原理图,熟悉电路工作原理,明确电路所用电器元件及作用。

(2)器材准备。根据电气图配齐各种器材并检查。

(3)选用工具。根据元器件安装方式等选配安装工具。

2. 安装控制线路

安装线路需要遵循的原则如下。

(1)布线通道要尽可能减少。主线路、控制线路要分类清晰,同一类线路要单独布线。

(2)同一平面内的导线要避免交叉,当必须交叉时,布线线路要清晰,便于识别。

(3)布线应横平竖直,走线改变方向时,应垂直转向。

(4)布线一般以接触器为中心,由里向外、由低至高,以不妨碍后续布线为原则。

(5)布线一般按照先控制线路,后主电路的顺序。主电路和控制线路要尽量分开。

(6)导线与接线端子或接线柱连接时,应不压绝缘层、不反圈及不露铜过长,并做到同一元件、同一回路的不同接点的导线间距离保持一致。

(7)一个电器元件接线端子上的连接导线不得超过两根。每节接线端子板上的连接线一般只允许连接一根。

(8)布线时,严禁损伤线芯和导线绝缘。

(9)布线时,不在控制板上的电器元件要从端子排上引出。

(10)布线时,要确保连接牢靠,用手轻拉不会脱落或断开。

3. 检查布线

用万用表检查各连线的电连接,保证连接正确,没有短路或断路。

4. 安装并连接电动机

先连接电动机和按钮金属外壳的保护接地线,然后接电动机板外部的导线,最后连接电源。连接电源时,要保证低压断路器处在断开状态。

5. 自检

(1)按电路图或接线图从电源端开始,逐段核对连线是否正确,连接点是否符合要求,不要有导线的线头露在外面。

(2)用万用表进行检查时,应选用电阻挡的适当倍率,并进行校零,以防错漏短路故障。

(3)检查主电路时,可以用手动来代替接触器受电线圈励磁吸合时的情况进行检查。

6. 校验

略。

7. 通电试车

略。

四、注意事项

(1)工具和仪表的使用应符合使用要求。

(2)电动机和按钮的金属外壳必须可靠接地。

(3)接至电动机的导线必须结实,有良好的绝缘性能。

(4)接线时,先接控制端,后接电源端;先接接地端,后接电源端。

(5)安装完毕的控制线路板,必须经过认真检查后才允许通电试车,以防止错接、漏接,造成不能正常运转或短路事故。

(6)线路检查必须在断电的情况下进行,必须有专业教师在现场进行指导,以确保用电安全。

五、评分标准

评分标准

序号	评价内容	配分	评分标准	扣分	得分
1	工具、仪表、器材选用	15	(1)工具、仪表少选或错选,每个扣2分; (2)电器元件选错型号和规格,每个扣2分		
2	装前检查	5	电器元件漏检或错检,每处扣1分		
3	元器件安装	20	(1)元件布置不整齐、不匀称、不合理,每个元件扣1分; (2)元件安装不牢固、安装元件时漏装螺钉,每个元件扣1分; (3)损坏元件,每个元件扣2分; (4)电器布置不合理扣5分		
4	接线	30	(1)不按电路图接线扣10分; (2)接线不符合要求,每根扣2分; (3)接点松动、露铜过长、压绝缘层等,每处扣1分; (4)损伤导线绝缘或线芯,每根扣1分; (5)漏接接地线扣10分		
5	通电试验	20	(1)热继电器未整定或整定错误扣2分; (2)主、控电路配错熔体,每个扣1分; (3)一次试车不成功扣5分;二次试车不成功扣10分;三次试车不成功扣20分		
6	安全文明生产	10	(1)不按照安全规定操作扣5分; (2)自身防护不到位扣5分; (3)操作完成后工具、仪表等未归位或者未放置整齐扣5分; (4)出现短路或触电扣10分		
合计		100			

任务五　三相交流异步电动机制动控制线路

【学习目标】

1. 了解三相交流异步电动机串电阻反接制动工作原理。
2. 了解三相交流异步电动机能耗制动工作原理。
3. 掌握三相交流异步电动机能耗制动线路的安装与调试。

【学习要点】

掌握三相交流异步电动机能耗制动控制线路。

由于惯性的存在,三相异步电动机切断电源后不能立即停止旋转,而是需要再继续转动一段时间,直到动能全部被消耗完才能停止。为了满足生产机械的要求,需对电动机采取一定的措施进行制动。异步电动机的制动方法分两大类:机械制动和电气制动。机械制动包括电磁抱闸制动、电磁离合器制动。电气制动包括反接制动、能耗制动等。下面主要介绍反接制动和能耗制动。

一、三相交流异步电动机串电阻反接制动控制线路

1. 反接制动原理

依靠改变电动机定子绕组的电源相序来产生制动力矩,迫使电动机迅速停转的方法称为反接制动。其制动原理如图 3-15 所示。如果电动机正常运转时定子绕组电源相序为 L1—L2—L3,电动机将沿旋转磁场方向为(顺时针方向),转子以略小于同步转速的转速正常运转。当电动机反接制动时,电动机定子绕组电源相序变为 L2—L1—L3,旋转磁场逆时针方向反转,此时转子将以 $n+n_1$ 的相对转速沿原转动方向切割旋转磁场,在转子绕组中产生感应电流。而转子绕组一旦产生电流,又受到旋转磁场的作用,产生电磁转矩。可见转矩方向与电动机的转动方向相反,电动机受制动迅速停转。

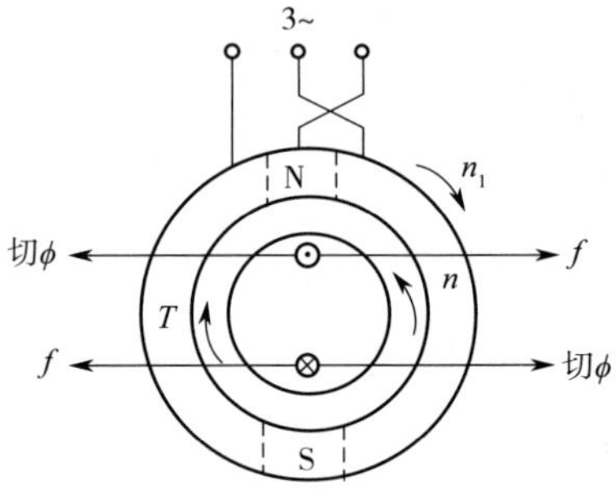

图 3-15 反接制动原理图

2. 反接制动控制线路

(1)电路图。单向启动反接制动控制线路如图 3-16 所示。

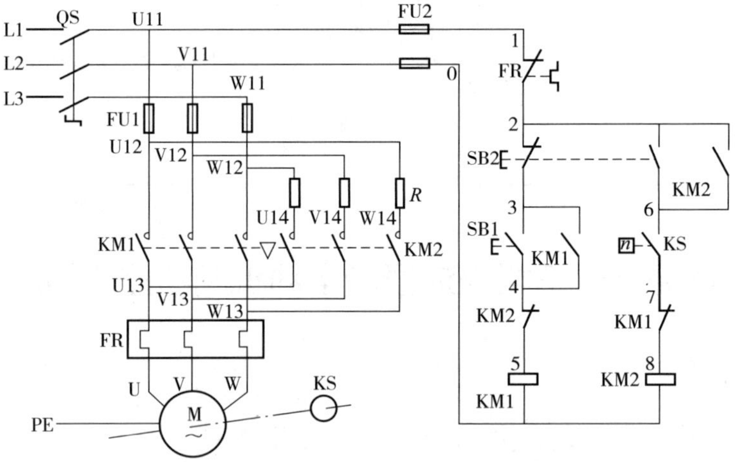

图 3-16 单向启动反接制动控制线路

(2)工作原理。单向起动机反接制动控制线路的工作原理分析如下。

合上电源开关 QS,按下起动按钮 SB1,接触器 KM1 得电吸合, KM1 主触点闭合,电动机 M 启动运转,同时 KM1 辅助常开触点闭合自锁, KM1 辅助常闭触点断开,形成对 KM2 互锁。当电机 M 转速升高后,速度继电器 KS 的常开触点闭合,为制动做好准备。

停车时,按下复合按钮 SB2(其常闭触点先断开,常开触点闭合),接触器 KM1 断电释放,KM1 辅助常闭触点闭合,接触器 KM2 线圈得电,KM2 主触点闭合,同时 KM2 辅助常开

触点闭合自锁，KM2 辅助常闭触点断开，形成对 KM1 互锁，电动机开始反接制动，电动机转速迅速降低。当电动机转速下降到接近零时，速度继电器 KS 的常开触点断开，接触器 KM2 断电释放，电动机制动结束。

在反接制动设施中，为了保证电动机的转速被制动到接近零值时能迅速切断电源，防止反向启动，常利用速度继电器来自动、及时地切断电源。为了防止定子绕组中的电流过大，需在定子回路中串入限流电阻 R，以限制反接制动电流。

反接制动的优点是制动力强、制动迅速。缺点是制动准确性差，制动过程中冲击强烈易损坏传动零件，制动能量消耗大，操作频率不宜过高。因此，反接制动一般适用于制动要求迅速、系统惯性较大、不经常启动与制动的场合，如铣床、镗床、中型车床等主轴的制动控制。

二、三相交流异步电动机能耗制动控制线路

1. 能耗制动原理

异步电动机刚切除三相电源后，立即在定子绕组中接入直流电源，转子切割恒定磁场产生感应电流与恒定磁场的作用产生制动力矩，使电动机高速旋转的动能消耗在转子电路中的制动方式称为能耗制动。当转速降为零时切除直流电源，制动过程完毕。

2. 能耗制动控制线路

1）无变压器单相半波整流能耗制动自动控制线路

（1）电路图。无变压器单相半波整流能耗制动自动控制线路如图 3-17 所示。

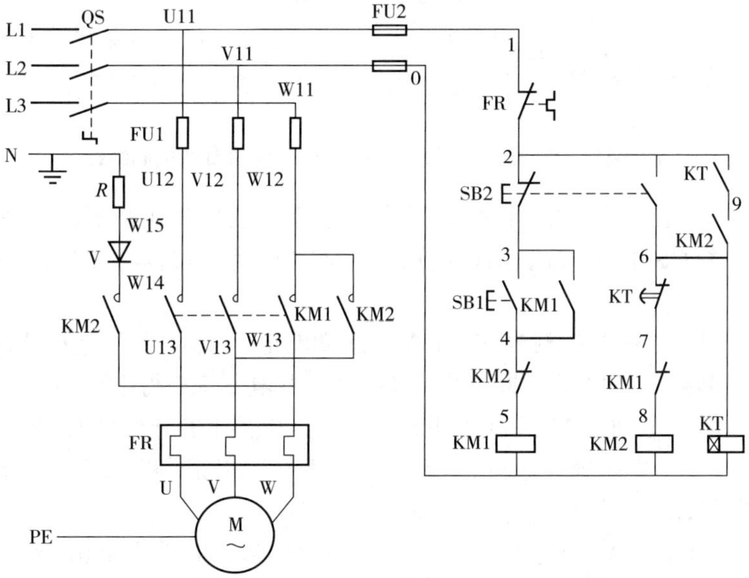

图 3-17　无变压器单相半波整流能耗制动自动控制线路

（2）工作原理。无变压器单相半波整流能耗制动自动控制线路工作原理分析如下。

合上电源开关 QS，按下按钮 SB1，接触器 KM1 电磁线圈通电， KM1 主触点闭合，电动机 M 启动运行。

停车时，按下按钮 SB2，接触器 KM1 电磁线圈断电， KM1 主触点断开，电动机 M 断电

惯性运转,同时接触器 KM2 的线圈得电吸合,时间继电器 KT 得电后触点延迟断开。接触器 KM2 主触点闭合,电动机 M 定子绕组接入直流电源进行能耗制动。时间继电器 KT 开始计时,当到达时间继电器整定的动作时间, KT 常闭触点断开,切断接触器 KM2 线圈回路,接触器 KM2 主触点断开全整流的直流电源,能耗制动结束。

该线路采用单相半波整流器作为直流电源,所用附加设备较少、线路简单、成本低,常用于 10 kW 以下小容量电动机,且对制动要求不高的场合。

2)有变压器单相桥式整流能耗制动自动控制线路

(1)电路图。有变压器单相桥式整流能耗制动自动控制线路如图 3-18 所示。其中 VC 为单相桥式整流器,提供直流电源, TC 为整流变压器,电阻 R 用来调节直流电流,从而调节制动强度。整流变压器一次侧与整流器的直流侧同时进行切换,有利于提高触点的使用寿命。

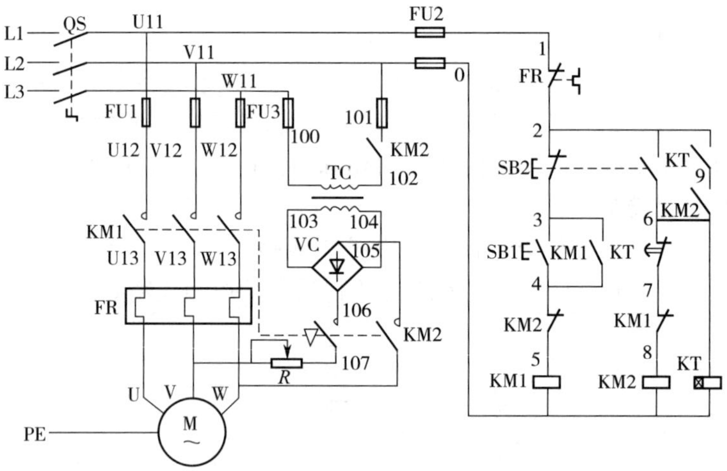

图 3-18　有变压器单相桥式整流能耗制动自动控制线路

(2)工作原理。有变压器单相桥式整流能耗制动自动控制线路工作原理分析如下。

合上电源开关 QS,按下按钮 SB1,接触器 KM1 电磁线圈通电, KM1 主触点闭合,电动机 M 启动运行。

停车时,按下按钮 SB2,接触器 KM1 电磁线圈断电, KM1 主触点断开,电动机 M 断电惯性运转,同时接触器 KM2 的线圈得电吸合,时间继电器 KT 得电后触点延迟断开。接触器 KM2 主触点闭合,电动机 M 进行能耗制动时间继电器 KT 开始计时,当到达时间继电器整定的动作时间, KT 常闭触点断开,切断接触器 KM2 线圈回路,接触器 KM2 主触点断开全整流的直流电源,能耗制动结束。

对于 10 kW 以上容量的电动机,多采用有变压器单相桥式整流能耗制动自动控制线路。

能耗制动控制电路由于电路简单而得到较多应用,但也存在明显的不足。在制动过程中,随着电动机转速的下降,拖动系统动能也在减少。于是,电动机的再生能力和制动转矩也在减少。因此,在惯性较大的拖动系统中,常会出现电动机在低速时因停不住而产生爬行现象,从而延长停车时间或影响停位的准确性,能量损耗也较大。能耗制动仅适用于一般负载的停车。

【巩固练习】

1. 简述三相交流异步电动机串电阻反接制动控制工作原理。
2. 简述三相交流异步电动机能耗制动控制工作原理。

技能训练　三相交流异步电动机能耗制动控制线路安装与调试

一、目的要求

（1）掌握三相交流异步电动机能耗制动控制线路的工作原理。
（2）掌握三相交流异步电动机能耗制动控制线路的接线及操作方式。

二、工具、仪表及器材

1. 工具

将选用的工具填入下表。

工具选用

序号	选用工具
1	
2	

2. 仪表

将选用的仪表填入下表。

仪表选用

序号	选用仪表
1	
2	

3. 器材

将选用的器材填入下表。

器材选用表

代号	名称	型号	规格	数量
M	三相笼型异步电动机			
QS	组合开关			

续表

代号	名称	型号	规格	数量
FU1	熔断器			
FU2	熔断器			
FR	热继电器			
SB1、SB2、SB3	按钮			
KM	接触器			
	端子板			
	控制板			
	主电路导线			
	控制电路导线			
	按钮导线			
	接地导线			

三、步骤

1. 安装前准备

（1）读图。阅读电气原理图，熟悉电路工作原理，明确电路所用电器元件及作用。

（2）器材准备。根据电气图配齐各种器材并检查。

（3）选用工具。根据元器件安装方式等选配安装工具。

2. 安装控制线路

安装线路需要遵循的原则如下。

（1）布线通道要尽可能减少。主线路、控制线路要分类清晰，同一类线路要单独布线。

（2）同一平面内的导线要避免交叉，当必须交叉时，布线线路要清晰，便于识别。

（3）布线应横平竖直，走线改变方向时，应垂直转向。

（4）布线一般以接触器为中心，由里向外、由低至高，以不妨碍后续布线为原则。

（5）布线一般按照先控制线路，后主电路的顺序。主电路和控制线路要尽量分开。

（6）导线与接线端子或接线柱连接时，应不压绝缘层、不反圈及不露铜过长，并做到同一元件、同一回路的不同接点的导线间距离保持一致。

（7）一个电器元件接线端子上的连接导线不得超过两根。每节接线端子板上的连接线一般只允许连接一根。

（8）布线时，严禁损伤线芯和导线绝缘。

（9）布线时，不在控制板上的电器元件要从端子排上引出。

（10）布线时，要确保连接牢靠，用手轻拉不会脱落或断开。

3. 检查布线

用万用表检查各连线的电连接，保证连接正确，没有短路或断路。

4. 安装并连接电动机

先连接电动机和按钮金属外壳的保护接地线，然后接电动机板外部的导线，最后连接电源。连接电源时，要保证低压断路器处在断开状态。

5. 自检

（1）按电路图或接线图从电源端开始，逐段核对连线是否正确，连接点是否符合要求，不要有导线的线头露在外面。

（2）用万用表进行检查时，应选用电阻挡的适当倍率，并进行校零，以防错漏短路故障。

（3）检查主电路时，可以用手动来代替接触器受电线圈励磁吸合时的情况进行检查。

6. 校验

略。

7. 通电试车

略。

四、注意事项

（1）工具和仪表的使用应符合使用要求。

（2）电动机和按钮的金属外壳必须可靠接地。

（3）接至电动机的导线必须结实，有良好的绝缘性能。

（4）接线时，先接控制端，后接电源端；先接接地端，后接电源端。

（5）安装完毕的控制线路板，必须经过认真检查后才允许通电试车，以防止错接、漏接，造成不能正常运转或短路事故。

（6）线路检查必须在断电的情况下进行，必须有专业教师在现场进行指导，以确保用电安全。

五、评分标准

评分标准

序号	评价内容	配分	评分标准	扣分	得分
1	工具、仪表、器材选用	15	（1）工具、仪表少选或错选，每个扣2分； （2）电器元件选错型号和规格，每个扣2分		
2	装前检查	5	电器元件漏检或错检，每处扣1分		
3	元器件安装	20	（1）元件布置不整齐、不匀称、不合理，每个元件扣1分； （2）元件安装不牢固、安装元件时漏装螺钉，每个元件扣1分； （3）损坏元件，每个元件扣2分； （4）电器布置不合理扣5分		
4	接线	30	（1）不按电路图接线扣10分； （2）接线不符合要求，每根扣2分； （3）接点松动、露铜过长、压绝缘层等，每处扣1分； （4）损伤导线绝缘或线芯，每根扣1分； （5）漏接接地线扣10分		

续表

序号	评价内容	配分	评分标准	扣分	得分
5	通电试验	20	（1）热继电器未整定或整定错误扣 2 分； （2）主、控电路配错熔体，每个扣 1 分； （3）一次试车不成功扣 5 分；二次试车不成功扣 10 分；三次试车不成功扣 20 分		
6	安全文明生产	10	（1）不按照安全规定操作扣 5 分； （2）自身防护不到位扣 5 分； （3）操作完成后工具、仪表等未归位或者未放置整齐扣 5 分； （4）出现短路或触电扣 10 分		
合计		100			

任务六　三相交流异步电动机调速控制线路

【学习目标】

1. 了解双速异步电动机变极调速原理。
2. 掌握双速异步电动机控制线路的工作原理。

【学习要点】

掌握双速异步电动机控制线路。

由电动机的转速 $n=n_1(1-s)$，其中同步转速 $n_1=60f/p$ 可知，改变定子绕组的极对数 p、电源频率 f、转差率 s，即可改变电动机的转速 n。故三相异步电动机的调速方法有变极调速、变频调速、改变转差率调速三种。

变极调速通过改变异步电动机磁极对数实现调速，仅适用于笼型异步电动机。磁极对数可改变的电动机称为多速电动机，常见的多速电动机有双速、三速、四速等几种类型。

以下就双速异步电动机的自动调速控制线路进行分析。

1. 变极调速原理

下面以 4 极电动机一相绕组如何改变绕组接法来说明变极原理。图 3-19（a）表示 4 极电动机 U 相绕组的两个线圈，每个线圈代表 U 相绕组的一半，称为半相绕组。将两个半相绕组顺向首端与末端串联，根据线圈的电流方向，用右手螺旋定则可判断出定子绕组产生 4 极磁场，$p=2$。

若将两个半相绕组末端连在一起再串联（反向串联），或者将它们的首端与末端连在一起接成并联（反向并联），如图 3-19（b）所示，根据线圈的电流方向，用右手螺旋定则可判断出定子绕组产生 2 极磁场，$p=1$。

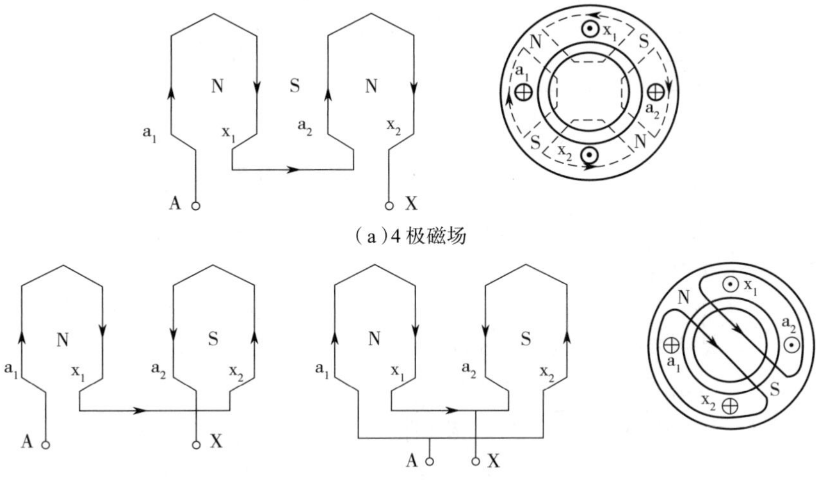

图 3-19　定子绕组改接以改变定子极对数

由此可知，若要使定子绕组的极对数改变 1 倍，只要改变定子绕组的连接方式，即将每相绕组分成两个半相绕组，通过改变其引出端的联结方式，使其中任一半相绕组中的电流反向，就可使定子绕组的极对数增大 1 倍或减小 1 倍。

2. 定子绕组连接方式

变极电动机定子绕组常用的连接方式有两种：一种是将星形改接成双星形，记为 Y/YY 接法，如图 3-20（a）所示；另一种是将三角形改接成双星形，记为△ /YY 接法，如图 3-20（b）所示。这两种接法均可使电动机极对数减少一半。在改接绕组时，为了使电动机转向不变，应把绕组相序改变。变极调速主要用于各种机床及其他设备中，所需设备简单、体积小、重量轻，但调速级差大，不能实现无级调速。

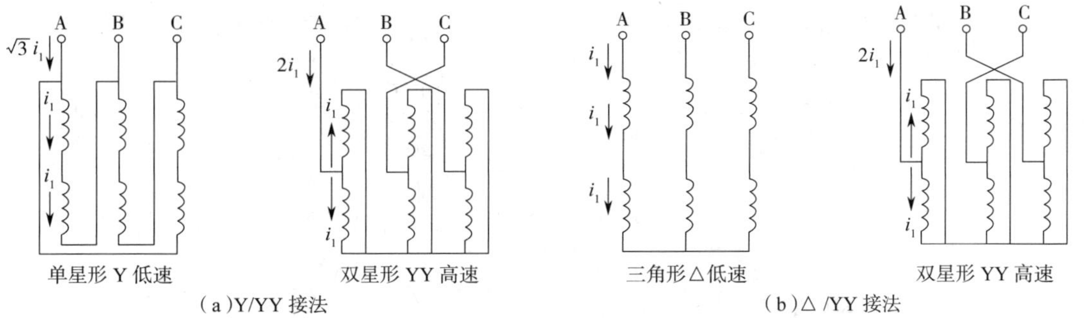

图 3-20　双速异步电动机变极绕组连接方式

3. 双速异步电动机的自动调速控制线路

1）接触器控制双速电动机的控制线路

（1）电路图。按钮和接触器控制双速电动机的控制线路如图 3-21 所示。

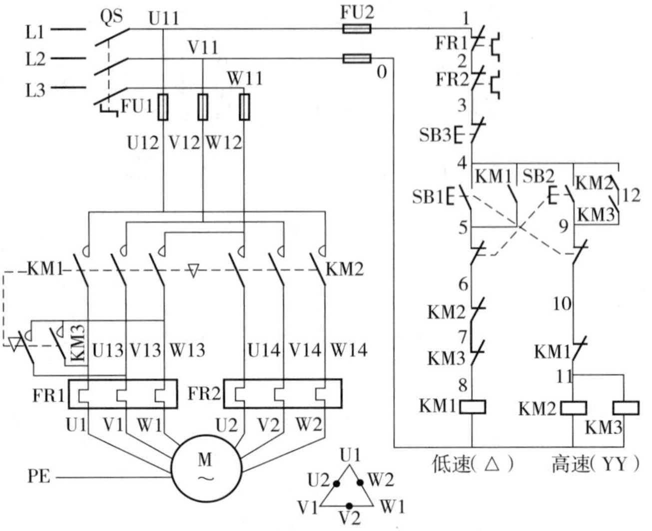

图 3-21 接触器控制双速电动机的控制线路

(2)工作原理。接触器控制双速电动机的工作原理分析如下。

先合上开关 QS。

△低速启动运转:按下 SB1,KM1 线圈得电,KM1 主触点闭合,KM1 辅助常开触点闭合自锁,同时 KM1 辅助常闭触点断开对 KM2、KM3 联锁,电动机 M 接成△形低速启动运转。

YY 高速启动运转:按下 SB2,KM1 线圈失电,KM1 常开触点均分断,KM1 常闭触点复位闭合,电动机停转,同时 KM2、KM3 线圈得电,KM2、KM3 主触点闭合,KM2、KM3 辅助常开触点闭合自锁,同时 KM2、KM3 联锁触点分断对 KM1 联锁,电动机 M 接成 YY 形高速运转。

停止时,按下 SB3 即可。

2)时间继电器控制双速异步电动机的控制线路。

(1)电路图。按钮和时间继电器控制双速异步电动机的控制线路如图 3-22 所示。

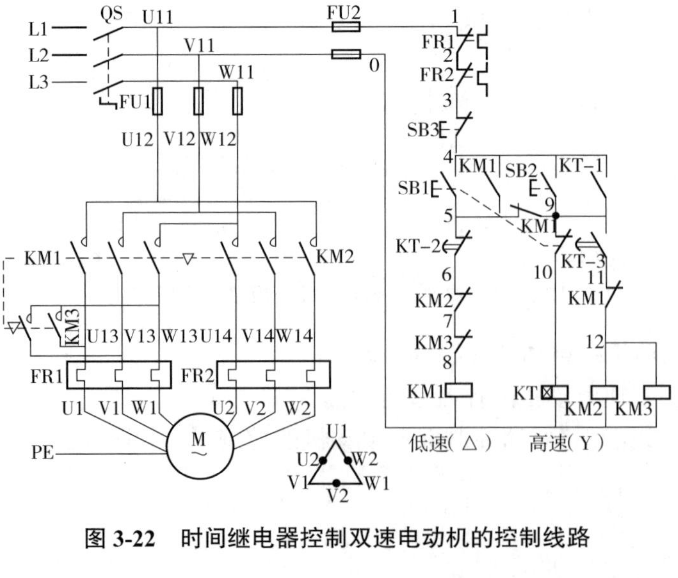

图 3-22 时间继电器控制双速电动机的控制线路

（2）工作原理。时间继电器控制双速电动机的工作原理分析如下。

先合上开关 QS。

△形低速启动运转：按下 SB1，SB1 常闭触点先分断，常开触点后闭合，KM1 线圈得电，KM1 主触点闭合，KM1 辅助常开触点闭合自锁，同时辅助常闭触点断开对 KM2、KM3 联锁，电动机 M 接成△形低速启动运转。

YY 形高速启动运转：按下 SB2，KT 线圈得电，KT-1 常开触点瞬时闭合自锁，经延时整定计时 KT-2 先分断，KM1 线圈失电，KM1 常开触点均分断，KM1 常闭触点复位闭合，同时 KT-3 后闭合，KM2、KM3 线圈得电，KM2、KM3 主触点闭合，同时 KM2、KM3 联锁触点分断对 KM1 联锁，电动机 M 接成 YY 形高速运转。

停止时，按下 SB3 即可。

【巩固练习】

1. 简述双速异步电动机变极调速原理。
2. 简述双速异步电动机控制线路工作原理。

技能训练　三相交流异步电动机调速控制线路安装与调试

一、目的要求

（1）掌握三相交流异步电动机调速控制线路的工作原理。

（2）掌握三相交流异步电动机调速控制线路的接线及操作方式。

二、工具、仪表及器材

1. 工具

将选用的工具填入下表。

工具选用

序号	选用工具
1	
2	

2. 仪表

将选用的仪表填入下表。

仪表选用

序号	选用仪表
1	
2	

3. 器材

将选用的器材填入下表。

器材选用表

代号	名称	型号	规格	数量
M	三相笼型异步电动机			
QS	组合开关			
FU1	熔断器			
FU2	熔断器			
FR	热继电器			
SB1、SB2、SB3	按钮			
KM	接触器			
XT	端子板			
	控制板			
	主电路导线			
	控制电路导线			
	按钮导线			
	接地导线			

三、步骤

1. 安装前准备

(1)读图。阅读电气原理图,熟悉电路工作原理,明确电路所用电器元件及作用。

(2)器材准备。根据电气图配齐各种器材并检查。

(3)选用工具。根据元器件安装方式等选配安装工具。

2. 安装控制线路

安装线路需要遵循的原则如下。

(1)布线通道要尽可能减少。主线路、控制线路要分类清晰,同一类线路要单独布线。

(2)同一平面内的导线要避免交叉,当必须交叉时,布线线路要清晰,便于识别。

(3)布线应横平竖直,走线改变方向时,应垂直转向。

(4)布线一般以接触器为中心,由里向外、由低至高,以不妨碍后续布线为原则。

(5)布线一般按照先控制线路,后主电路的顺序。主电路和控制线路要尽量分开。

(6)导线与接线端子或接线柱连接时,应不压绝缘层、不反圈及不露铜过长,并做到同一元件、同一回路的不同接点的导线间距离保持一致。

(7)一个电器元件接线端子上的连接导线不得超过两根。每节接线端子板上的连接线一般只允许连接一根。

(8)布线时,严禁损伤线芯和导线绝缘。

（9）布线时，不在控制板上的电器元件要从端子排上引出。

（10）布线时，要确保连接牢靠，用手轻拉不会脱落或断开。

3. 检查布线

用万用表检查各连线的电连接，保证连接正确，没有短路或断路。

4. 安装并连接电动机

先连接电动机和按钮金属外壳的保护接地线，然后接电动机板外部的导线，最后连接电源。连接电源时，要保证低压断路器处在断开状态。

5. 自检

（1）按电路图或接线图从电源端开始，逐段核对连线是否正确，连接点是否符合要求，不要有导线的线头露在外面。

（2）用万用表进行检查时，应选用电阻挡的适当倍率，并进行校零，以防错漏短路故障。

（3）检查主电路时，可以用手动来代替接触器受电线圈励磁吸合时的情况进行检查。

6. 校验

略。

7. 通电试车

略。

四、注意事项

（1）工具和仪表的使用应符合使用要求。

（2）电动机和按钮的金属外壳必须可靠接地。

（2）接至电动机的导线必须结实，有良好的绝缘性能。

（3）接线时，先接控制端，后接电源端；先接接地端，后接电源端。

（4）安装完毕的控制线路板，必须经过认真检查后才允许通电试车，以防止错接、漏接，造成不能正常运转或短路事故。

（5）线路检查必须在断电的情况下进行，必须有专业教师在现场进行指导，以确保用电安全。

五、评分标准

评分标准

序号	评价内容	配分	评分标准	扣分	得分
1	工具、仪表、器材选用	15	（1）工具、仪表少选或错选，每个扣2分； （2）电器元件选错型号和规格，每个扣2分		
2	装前检查	5	电器元件漏检或错检，每处扣1分		
3	元器件安装	20	（1）元件布置不整齐、不匀称、不合理，每个元件扣1分； （2）元件安装不牢固、安装元件时漏装螺钉，每个元件扣1分； （3）损坏元件，每个元件扣2分； （4）电器布置不合理扣5分		

续表

序号	评价内容	配分	评分标准	扣分	得分
4	接线	30	(1)不按电路图接线扣10分; (2)接线不符合要求,每根扣2分; (3)接点松动、露铜过长、压绝缘层等,每处扣1分; (4)损伤导线绝缘或线芯,每根扣1分; (5)漏接接地线扣10分		
5	通电试验	20	(1)热继电器未整定或整定错误扣2分; (2)主、控电路配错熔体,每个扣1分; (3)一次试车不成功扣5分;二次试车不成功扣10分;三次试车不成功扣20分		
6	安全文明生产	10	(1)不按照安全规定操作扣5分; (2)自身防护不到位扣5分; (3)操作完成后工具、仪表等未归位或者未放置整齐扣5分; (4)出现短路或触电扣10分		
合计		100			

项目四　常用生产机械电气控制线路及故障分析与维修

【教学目标】

1. 掌握电气线路分析基础知识。
2. 掌握 CA6140 车床基本工作原理及故障分析。
3. 掌握 M7120 平面磨床基本工作原理及故障分析。
4. 掌握 T68 卧式镗床基本工作原理及故障分析。
5. 掌握 X62W 万能铣床基本工作原理及故障分析。

任务一　电气线路分析基础知识

【学习目标】

1. 掌握电气控制电路原理图的识读原则。
2. 了解电动机基本控制线路的安装工艺及步骤。

【学习要点】

通过学习，了解现场电路安装、维护维修的工作要领。

一、电气控制电路识读原则

电气控制电路原理图(简称为电气原理图，或电气图、电路原理图、电路图)是电气电路安装、调试与维修的理论依据。对任何复杂的电气原理图，都应先对其进行正确分析，掌握其电路工作原理后，才能按照电气原理图进行安装、调试、检修。因此，能准确识读控制基本原理图，对进一步掌握电气控制电路的安装、调试、维修起到非常关键的作用。

1. 了解电气原理图中相关的电气符号

实际运用中的电气原理图都是按照国家标准规定的电气图形符号与文字符号画出来的。用这些电气图形符号、文字符号来表示电器元件、装置、设备、系统之间的连接及相互关系。因此，要做到会看图和看懂图，必须了解电气符号，这是能看懂电气原理图的基础。电气原理图所用到的图形符号、文字符号等相互关联，互为补充，以图形和文字的形式从不同角度为电气原理图提供各种信息。只有弄清楚它们的含义、构成及使用方法，才能正确看懂电气原理图。

(1)识读文字说明。根据电气原理图上方的文字描述可以明确机床控制的电动机数量、用途、辅助功能及保护措施等。

(2)识读图区。为了便于检修线路和方便阅读电气原理图,将电气原理图按功能划分为若干个区域,称为图区,一般是一个回路或一条支路划为一个图区,并从左到右依次用阿拉伯数字编号,如图 4-1 所示。控制电路采用数字编号来表示其位置。数字编号应按从上到下或从左到右的顺序排列,根据图下方的阿拉伯数字可以明确各种控制元器件及触头所在的区域位。

图 4-1 图区划分

(3)识读各器件触头位置及数量。根据控制电路下方器件的文字符号和分栏符号可以快速找到各器件所用触头的种类、数量及分布位置。接触器表示方法如表 4-1 所示。继电器表示方法如表 4-2 所示。

表 4-1 接触器表示方法

栏目	左栏	中栏	右栏
触头类型	主触头所在图列	辅助动合触头所在图列	辅助动断触头所在图列
举例 KM1 2 | 8 | × 2 | 10 | × 2 | |	表示:3 对主触头均在图列 2	表示:1 对辅助动合触头在图列 8;1 对辅助动合触头在图列 10	表示:辅助动断触头未使用

表 4-2 继电器表示方法

栏目	左栏	右栏
触头类型	动合触头所在图列	动断触头所在图列
举例 K 5 | 8 6 | 9	表示:1 对主触头均在图列 5;一对主触头在图列 6	表示:1 对辅助动合触头在图列 8;1 对辅助动合触头在图列 9

2. 电气原理图的组成及各组成部分电器元件的布局

1)电气原理图的组成

电气原理图一般由电源电路、主电路和辅助电路三部分组成。

(1)电源电路采用水平或垂直布置。三相交流电源相序 L1、L2、L3 自上而下或自左至右依次画出,中性线 N 和保护地线 PE 依次画在相线之下或右侧。直流电源的"+"端画在上边,"−"端画在下边。

(2)主电路是指受电的动力装置及控制、保护电器的支路等,它由主熔断器、接触器的主触头、热继电器的热元件以及电动机等组成。主电路通过的电流较大。

(3)辅助电路一般包括控制主电路工作状态的控制电路、显示主电路工作状态的指示电路、提供机床设备局部照明的照明电路。其中控制电路由按钮、接触器和继电器的线圈、辅助触点、热继电器触点、保护电器触点等组成。辅助电路通过的电流小,一般不超过 5 A。

2)各组成部分电器元件的布局

(1)电源开关应水平或垂直画出。

(2)单一控制的主电路可以在电气原理图的侧方垂直画出,多支路的主电路应画在电气原理图的侧方并垂直于电源电路。

(3)画辅助电路时,辅助电路一般是采用单相或两相作为控制电源,应连接在相应的电源线之间,一般按照指示电路、照明电路、控制电路的顺序依次垂直画在主电路图的侧方,且电路中与下边电源线相连的耗能元件(如接触器和继电器的线圈、指示灯、照明灯等)要画在电路图的下方,而电器的触头要画在耗能元件与上边电源线之间。无论是主电路还是辅助电路,为读图方便,一般应按照从左至右、自上而下的排列顺序来表示操作顺序。

3)识读电气原理图的一般原则

(1)在电气原理图中,不画各电器元件实际的外形图,而采用国家统一规定的电气图形符号画出。

(2)在电气原理图中,各电器的触头位置都按电路未通电或电器未受外力作用时的常态位置画出。分析原理时,应从触头的常态位置出发。

(3)在电气原理图中,同一电器的各元件有集中表示法、半集中表示法和分开表示法等电路图的不同画注,常见的为分开表示法。分开表示法的电器元件不按它们的实际位置画在一起,而是按其在线路中所起的作用分画在不同电路中,但它们的动作却是关联的,因此,必须标注相同的文字符号。若图中相同的电器较多时,需要在其文字符号后面加注不同的数字,以示区别。

(4)画电气原理图时,应尽可能减少线条和避免线条交叉。对有直接电路联系的交叉导线连接点要用小黑圆点表示;无直接电路联系的交叉导线则不画出小黑圆点。

3. 了解电气原理图的电路编号法

电气原理图采用电路编号法,即对电路中的各个连接点用字母或数字编号。

(1)主电路在电源开关的出线端接端子 X:相序依次编号为 U1、V1、W1。然后按从上至下、从左至右的顺序,每经过一个端子元件后,编号要递增,如 U2、V2、W2……单台三相交流电动机(或设备)的三根引出线按相序依次编号为 U、V、W。对于多台电动机引出线的编号,为了不致引起误解和混淆,可在字母前用不同的数字加以区分,如 1U、1V、1W;2U、2V、2W。

(2)辅助电路编号按“等电位”原则从上至下、从左至右的顺序用数字依次编号。每经过一个电器元件后,编号要依次递增。控制电路编号的起始数字必须是 1,其他辅助电路编号的起始数字依次递增 100,如照明电路编号从 101 开始,指示电路编号从 201 开始等等。

二、电气控制电路分析方法及步骤

1. 分析主电路

从主电路入手,根据每台电动机和执行电器的控制要求去分析各电动机和执行电器的控制内容,诸如启动方式、转向控制、调速、制动等内容。

2. 分析控制电路

根据主电路中各电动机和执行电器的控制要求,逐一找出控制电路中的控制环节,按功能不同将控制线路划分成若干个局部控制线路进行分析。如果控制线路比较复杂,则可先排除电源、照明、显示等与控制关系不大的电路,集中精力分析控制电路。分析控制电路从执行电器电动机着手,在主电路上看有哪些控制元件的触点,根据其组合规律看其控制方式。然后在控制电路中由主电路控制元件的主触点的文字符号找到有关的控制环节及其环节间的联系。接着从按起动按钮开始,查对线路,观察元件的触点信号是如何控制其他控制元件动作的,然后再查看这些被带动的控制元件是如何控制执行电器或其他控制元件动作的,并随时注意控制元件的触点使执行电器有何动作或运动,进而驱动被控机械有何运动。

3. 分析辅助电路

辅助电路包括执行元件的工作状态显示、电源显示、照明和故障报警等部分,辅助电路很多部分是由控制电路中的元件来控制的,在分析时要注意对照控制电路的动作过程进行分析。

4. 分析联锁与保护环节

机械设备对于安全性和可靠性有很高的要求,实现这些要求,除了合理地选择拖动和控制方案外,在控制线路中还要设置一系列电气保护和必要的电气联锁。

5. 分析特殊控制环节

在某些控制线路中,往往设置了一些与主电路和控制电路关系不密切但相对独立的特殊环节,如产品计数装置、自动检测系统、晶体管触发电路等。这些部分往往自成一个小系统,其读图分析的方法可参照上述分析过程,灵活运用所学过的电子技术、变流技术、自控系统、检测与转换等知识逐一分析。

6. 总体检查

经上面几步分析,理解清楚局部电路的工作原理以及各部分之间的控制关系后,还必须检查整个控制线路,看是否有遗漏,从整体角度进一步检查和理解各控制环节之间的联系,清楚理解电路中每一个电气元器件的作用、工作过程及主要参数。

任务二　CA6140 型卧式车床

【学习目标】

1. 熟悉 CA6140 型车床电气控制线路工作原理。
2. 掌握 CA6140 型车床电气控制线路的分析方法及其故障检修。

【学习要点】

CA6140 型车床电气控制线路的分析。

车床是一种应用很广泛的金属切削机床，主要用于切削外圆、内圆、端面、螺纹、倒角、切断及割槽等，并可用钻头、绞刀等进行钻孔和铰孔的加工工作。在各种车床中，用得最多的是卧式车床。下面以 CA6140 型卧式车床为例进行分析。

CA6140 型卧式车床型号意义如下：

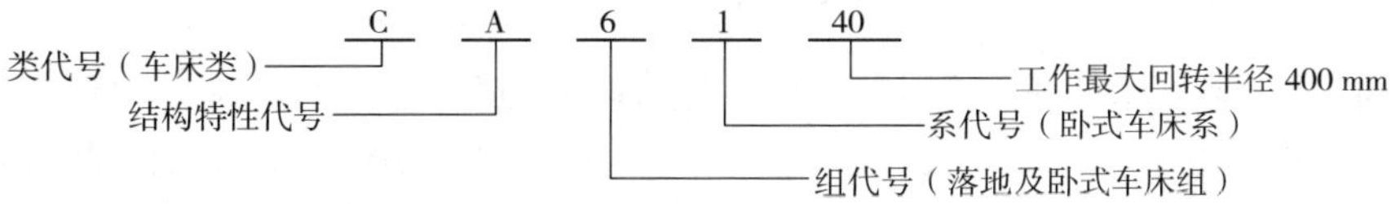

一、CA6140 型卧式车床主要结构和功能

1. 主要结构

CA6140 型卧式车床主要由主轴箱、挂轮箱、进给箱、溜板箱、床身、尾座、刀架、光杠与丝杠等部件组成。其结构如图 4-1 所示。

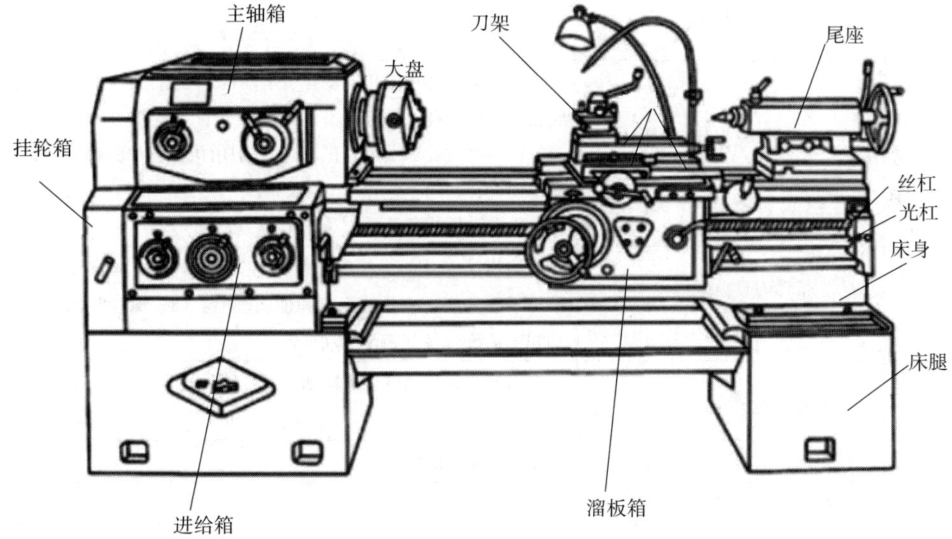

图 4-1　CA6140 型卧式车床结构图

2. 主要部分功能

（1）主轴箱。主轴箱内装有主轴和变速、换向机构。电动机经变速机构带动主轴旋转，实现主运动，并获得所需转速及转向。

（2）进给箱。进给箱改变被加工螺纹的导程或机动进给的进给量。

（3）溜板箱。溜板箱将进给箱传来的运动传递给刀架，使刀架实现纵向进给、横向进给、快速移动。

(4)挂轮箱。挂轮箱将主轴电动机的动力传递给进给箱。
(5)刀架。刀架用来安装刀具。
(5)尾座。尾座用来安装顶尖、钻头、铰刀等孔加工刀具。
(6)光杠。光杠带动溜板箱运动,实现内外圆、端面等切削加工。
(7)丝杠。丝杠带动溜板箱运动,实现螺纹加工。
(8)床身。床身是车床的基本支承件。

二、CA6140 型卧式车床主要运动形式及要求

CA6140 型卧式车床的主运动是由主轴电动机通过传动带传递到主轴箱,带动主轴做旋转运动。进给运动是刀架带动刀具的直线运动,由主轴电动机经过主轴箱传递给进给箱,再通过丝杆或光杆将运动传递给溜板箱,溜板箱带动刀架部分做纵向或横向进给。为了满足加工工艺要求,主轴旋转运动与带动刀具溜板箱的进给运动由同一台主轴电动机驱动。辅助运动是指车床上除切削运动外的其他一切必需的运动,如刀架的快速移动、尾座的纵向移动、工件的夹紧与放松、加工过程的冷却等。辅助运动的目的是提高效率和减轻劳动强度。CA6140 型卧式车床主要运动形式及要求见表 4-3。

表 4-3 CA6140 型卧式车床主要运动形式及要求

运动种类	运动形式	控制要求
主运动	主轴通过卡盘带动工件做旋转运动	主轴电动机选用三相笼型异步电动机,不进行电气调速,主轴采用齿轮箱进行机械有级调速; 车削螺纹时要求主轴有正反转,一般由机械方法实现,主轴电动机只做单向旋转; 主轴电动机的容量不大,可采用直接启动
进给运动	刀架带动刀具纵向或横向做直线运动	进给运动也由主轴电动机拖动,主轴电动机的动力通过挂轮架传递给进给箱来实现刀具的纵向和横向进给。加工螺纹时,要求刀具的移动和主轴转动有固定的比例关系
辅助运动	刀架的快速移动	由刀架快速移动电动机拖动,该电动机可直接启动,也不需要正反转和调速
	尾座的纵向移动	由手动操作控制
	工件的夹紧与放松	由手动操作控制
	加工过程的冷却	冷却泵电动机和主轴电动机要实现顺序控制,冷却泵电动机不需要正反转和调速

三、CA6140 型卧式车床电气控制线路分析

1.CA6140 型卧式车床电气控制线路图

CA6140 型卧式车床电气控制线路图如图 4-2 所示。

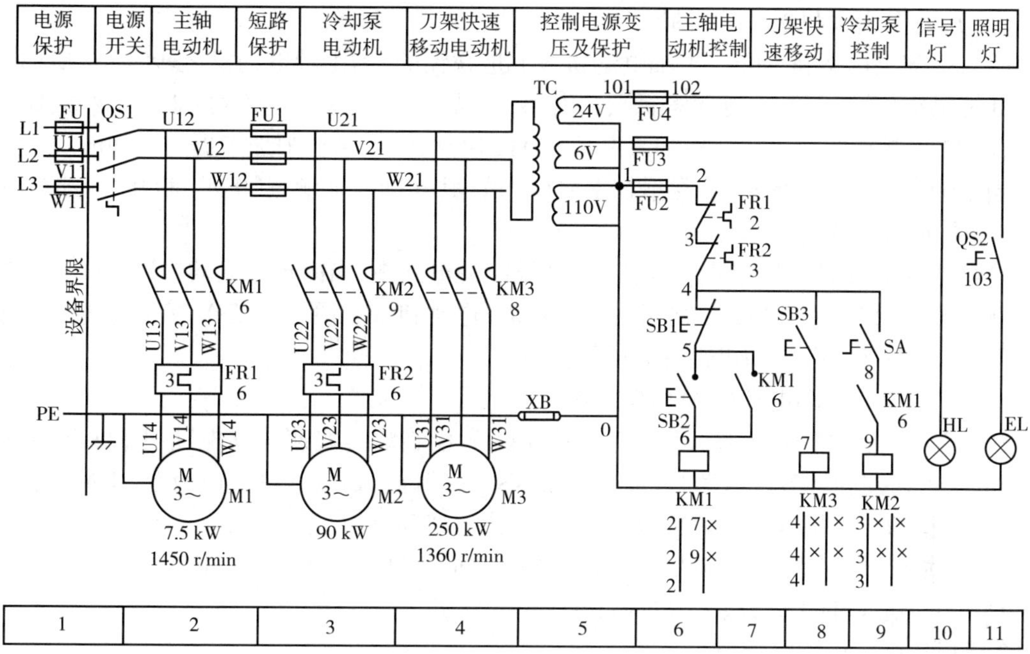

图 4-2　CA6140 型卧式车床电气控制线路图

2.CA6140 型卧式车床电气控制线路工作原理分析

1)主电路分析

主电路共有三台电动机：M1 为主轴电动机，带动主轴旋转和刀架作进给运动；M2 为冷却泵电动机，用以输送冷却液；M3 为刀架快速移动电动机。

三相交流电源由电源开关 QS1 引入。主轴电动机 M1 的运转和停止由接触器 KM1 来控制。冷却泵电动机 M2 的运转和停止由接触器 KM2 控制。快速移动电动机 M3 的运转和停止由接触器 KM3 来控制。熔断器 FU 作 M1 的短路保护，熔断器 FU1 作 M2、M3 的短路保护。热继电器 FR1 和 FR2 分别作 M1 与 M2 的过载保护。

2)控制电路分析

控制电路采用 110 V 交流电压供电，该电压是由 380 V 电压经控制变压器 TC 降压而得。

(1)主轴电动机 M1 的控制。

启动时，按下起动按钮 SB2，接触器 KM1 线圈得电吸合，KM1 主触点闭合，主轴电动机 M1 启动运转。同时，KM1 的辅助常开触点(7 列)闭合自锁，保证主轴电动机 M1 在松开起动按钮后能连续转动，KM1 的辅助常开触点闭合(9 列)，为下一次冷却泵电动机 M2 的起动运转做准备。

停止时，按下停止按钮 SB2，接触器 KM1 因线圈断电而释放，其主触点断开，主轴电动机 M1 停止运转。

热继电器 FR1 的动断触点串联在 KM1 的线圈支路中，当主轴电动机 M1 过载时，FR1 的动断触点断开，KM1 因线圈断电而释放，电动机 M1 停止工作。

（2）冷却泵电动机 M2 的控制。

因为冷却泵电动机 M2 与主轴电动机 M1 是联锁的，当主轴电动机运转时，KM1 的辅助常开辅触点（9 列）闭合，这时若需要冷却液，只需闭合开关 SA，使接触器 KM2 线圈得电吸合，KM2 主触点闭合，这时，冷却泵电动机 M2 启动运转，给切削加工提供冷却液。

当主轴电动机 M1 停车时，接触器 KM1 释放，其辅助常开触点（9 列）断开，冷却泵电动机 M2 也同时停止工作。

热继电器 FR2 的动断触点串联在 KM2 线圈的电路中，当冷却泵电动机过载时，FR2 的动断触点断开，接触器 KM2 因线圈断电而释放，电动机 M2 便停止工作，实现了过载保护。接触器 KM2 对冷却泵电动机也有欠压保护。

（3）刀架快速移动电动机 M3 的控制。

快速移动电动机 M3 的启动是由按钮 SB3 来控制的。快速移动电动机 M3 与接触器 KM3 组成点动控制环节。启动时，按下按钮 SB3，接触器 KM3 线圈得电吸合，KM3 主触点闭合，快速移动电动机 M3 启动运转，拖动刀架快速移动。

停止时，松开按钮 SB3，接触器 KM3 释放，快速移动电动机 M3 停止工作。刀架快速移动电动机 M3 是短时工作，故未设过载保护。

3）照明、指示灯电路分析

控制变压器 TC 的二次侧分别输出 24 V 和 6 V 电压，作为车床低压照明电路和信号电路电源。照明电路采用 24 V 交流电压，由开关 QS2 接低压照明灯 EL 组成，熔断器 FU4 是照明电路的短路保护。信号指示电路采用 6 V 交流电压，信号灯 HL 接在控制变压器 TC 次级的 6 V 线圈上，指示灯作为电源指示，当控制电路引入电源后 HL 就亮，熔断器 FU3 是信号指示电路的短路保护。

4）电气元器件用途明细表

电气元器件用途明细表见表 4-4。

表 4-4 CA6140 型卧式车床电气元件及用途

代号	名称及用途	代号	名称及用途
M1	主轴电动机	TC	控制与照明用变压器
M2	冷却泵电动机	SB1	起动按钮
M3	快速移动电动机	SB2	停止按钮
KM1	接触器，主轴电动机用	SB3	快速移动按钮
KM2	接触器，冷却泵电动机用	FU1	熔断器，冷却泵电动机和快速移动电动机短路保护
KM3	接触器，快速移动电动机用	FU2	熔断器，控制电路短路保护
FR1	热继电器，保护主轴电动机用	FU3	熔断器，信号灯短路保护
FR2	热继电器，保护冷却泵电动机用	FU4	熔断器，低压照明电路短路保护
QS1	低压断路器，电源总开关	EL	照明灯
QS2	照明灯开关	HL	电源指示灯
SA	冷却泵开关		

四、CA6140 型卧式车床常见电气故障分析

1. 主轴电动机 M1 不能启动

合上开关 QS1，按下起动按钮 SB2，电动机不能启动，这种故障可按下列步骤检修。

（1）按下起动按钮 SB1 后，接触器 KM1 吸合，但主轴电动机 M1 不能启动。这种故障的原因在主电路中，按照电气原理图及接线图，可依次检查接触器 KM1 的主触点、热继电器 FR1 的热元件接线端及主轴电动机 M1 的接线端，并检查 M1 是否被卡住及 M1 本身的问题。

（2）按下起动按钮，接触器 KM1 未吸合，主轴电动机 M1 不能启动。这种故障的原因在控制电路中，可依次检查熔断器 FU2、热继电器 FR1 的动断触点、停止按钮、起动按钮及接触器的线圈是否断电。

2. 主轴电动机 M1 启动后不能自锁

按下起动按钮 SB1 时，主轴电动机 M1 能够启动，但松开按钮 SB1 后，电动机就自行停止运转。此故障的原因是接触器 KM1 的自锁触点接触不好或未能闭合，使 SB1 在按下后接触器不能自锁。应检查 KM1 的自锁触点是否接触良好或其接线有无松脱。

3. 主轴电动机 M1 不能停转

按下停止按钮主轴电动机不能停转。此故障的原因大多是接触器 KM1 的铁芯端面存在油污，使上下铁芯粘住而不能释放，也可能是接触器 KM1 的主触点发生熔焊或停止按钮 SB2 的动断触点被卡住。这时应断开电源，使 M1 停止后进行检修。

4. 冷却泵电动机 M2 不能启动

若合上转换开关 SA 后，冷却泵电动机 M2 不能启动，应检查接触器 KM2 是否吸合，其主触头是否闭合或接触器是否良好。如 KM2 未吸合，应检查接触器 KM1 的辅助动合触点（9 列）和 SA 的触点接触是否良好；如 KM2 已经吸合，则应检查热继电器 FR2 发热元件的连接线和电动机 M2 有无问题。

5. 刀架快速移动电动机 M2 不能启动

如按下按钮 SB3 后，刀架快速移动电动机 M3 不能启动。应首先检查熔断器 FU1 是否熔断，然后检查接触器 KM3 主触点接触是否良好。如无异常，但按下 SB3 时 KM3 不吸合，则应检查 SB3 的触点及接触器 KM3 的线圈有无断线及电动机 M3 有无问题。

6. 按下起动按钮，电动机发出嗡嗡声，不能启动

按下起动按钮，电动机发出嗡嗡声，不能启动，这是由于电动机缺相造成的。可能的原因是：熔断器有一相熔体烧断，应及时更换；接触器有一对主触点没有接触好，应立即修复；电动机接线有一处断线。

【巩固练习】

1. 如何检查判断 CA6140 型车床的故障。
2. 进行故障检修时应注意哪些问题。

技能训练 CA6140型卧式车床电气控制线路故障分析与检修

一、目的要求

掌握CA6140型卧式车床电气控制线路的故障分析与检修。

二、工具、仪表

1. 工具:验电器、钢丝钳、一字形和十字形螺钉旋具、电工刀、尖嘴钳、活扳手、剥线钳等。
2. 仪表:万用表、绝缘电阻表、钳形电流表。

三、步骤

(1)在教师的指导下熟悉车床的主要结构和运动形式,了解车床的各种工作状态和操作方法。

(2)在教师的指导下熟悉车床的元器件位置及安装方法,弄清车床的线路控制。

(3)教师在CA6140型车床上人为设置自然故障点,进行示范检修。

①通过通电试验,引导学生观察故障现象。

②根据故障现象,依据电路图用逻辑分析法初步确定故障范围,并在电路图中标出最小故障范围。

③采取适当的检查方法查出故障点,并正确排除故障。

④检修完毕进行通电试车,并做好维修记录。

(4)人为故障设置应注意以下几点。

①人为设置的故障必须是模拟车床在使用过程中出现的自然故障。

②不能通过更改线路或更换电器元件来设置故障。

③设置故障不能损坏电器元件,不能破坏线路美观,不能设置易造成人身或设备事故的故障点。

④设置的故障可先易后难,先设置单个故障,然后过渡到两个或两个以上故障;当设置一个以上故障点时,故障现象尽可能不要相互掩盖。

(4)由教师在线路中设置几处人为的自然故障点。

(5)按照检查步骤和检修方法,学生自行独立进行检修。

四、注意事项

(1)工具和仪表的使用应符合使用要求。

(2)在检修过程中,严禁扩大故障范围或产生新的故障点。

(3)故障排查出故障点,修复不得更换元件,改变电路。

(4)线路检查必须在断电的情况下进行,必须有专业教师在现场进行指导,以确保用电安全。

五、评分标准

评分标准

序号	评价内容	配分	评分标准	扣分	得分
1	故障分析	30	(1)不分析研究故障扣5分； (2)漏标、错标故障范围，每个故障范围扣10分； (3)漏标、错标故障点，每个故障点扣5分； (4)故障分析方法错误扣10分		
2	故障排除	60	(1)断电后不验电扣5分； (2)故障排除方法错误扣10分； (3)工具及仪表使用不当，每次扣5分； (4)检修中扩大故障范围扣15分； (5)少查出故障，每个故障点扣5分； (6)少排除故障，每个故障点扣5分； (7)损坏电器元件扣20分； (8)产生新的故障且不能修复，每个扣10分		
3	安全文明生产	10	(1)不按照安全规定操作扣5分； (2)自身防护不到位扣5分； (3)操作完成后工具、仪表等未归位或者未放置整齐扣5分； (4)出现短路或触电扣10分		
合计		100			

任务三　M7120型平面磨床

【学习目标】

1. 熟悉M7120型平面磨床电气控制线路的工作原理。
2. 掌握M7120型平面磨床电气控制线路的分析方法及其故障检修。

【学习要点】

M7120型平面磨床电气控制线路的分析。

磨床是机械制造业中应用最为广泛的一种精密机床。其主要用砂轮的周边或端面对工件表面进行加工，以获得高精度、高质量零件。根据工艺要求，磨床可分为外圆磨床、内圆磨床、平面磨床、无心磨床及一些专用床，如螺纹磨床、球面磨床、齿轮磨床、导轨磨床等。其中平面磨床应用最为普遍。下面以M7120型平面磨床为例进行分析。

M7120型平面磨床型号意义如下：

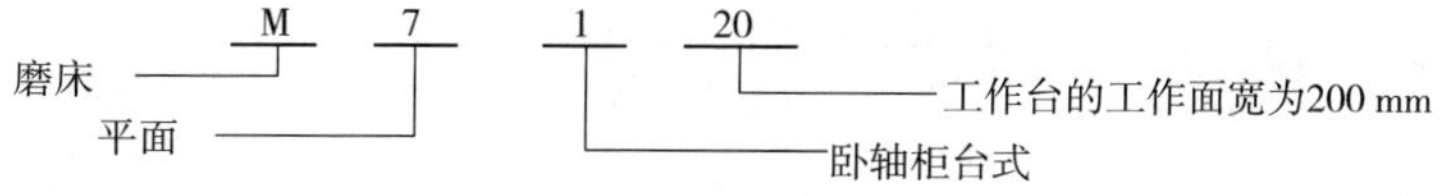

一、M7120 型平面磨床主要结构和功能

1. 主要结构

M7120 型平面磨床主要由床身、工作台、电磁吸盘、砂轮箱、滑座和立柱等部分组成。其结构示意图如图 4-3 所示。

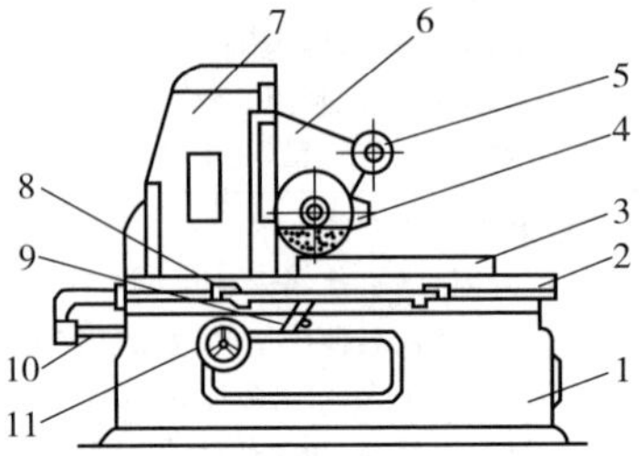

图 4-3 M7120 型平面磨床结构示意图

1—床身;2—工作台;3—电磁吸盘;4—砂轮箱;5—砂轮箱横向移动手轮;6—滑座;7—立柱;8—工作台换向撞块;9—工作台往复运动换向手柄;10—活塞杆;11—砂轮箱垂直进给手轮

2. 主要部分功能

(1)床身。床身作为机床的基础支撑部件,承载工作台、立柱等核心组件,确保整体刚性及稳定性。

(2)工作台。工作台用于安装工件并做往复运动。

(3)电磁吸盘。电磁吸盘用于吸附导磁性工件。

(4)砂轮箱。砂轮箱驱动砂轮高速旋转并提供横向进给。

(5)滑座。滑座支撑砂轮箱沿横向导轨移动,实现砂轮的横向进给。

(6)立柱。立柱垂直固定在床身上,支撑滑座与砂轮箱,控制砂轮垂直升降。

二、M7120 型平面磨床主要运动形式及控制要求

M7120 型平面磨床的主运动是砂轮的旋转,进给运动是砂轮箱的上下移动、砂轮箱的横向进给和工作台的纵向进给,辅助运动包括工件的夹紧、工作台的快速移动、工件的冷却。M7120 型平面磨床主要运动形式及控制要求见表 4-5。

表 4-5 M7120 型平面磨床主要运动形式及控制要求

运动种类	运动形式	控制要求
主运动	砂轮的高速旋转	为保证磨削加工质量,要求砂轮有较高的转速,通常采用两极笼型异步电动机; 为提高主轴的刚度,简化机械结构,采用装入式电动机,将砂轮直接装到电动机轴上; 砂轮电动机只要求单向旋转,可直接启动,无调速和制动要求
进给运动	工作台的纵向进给	因液压传动换向平稳,易于实现无级调速,因此液压泵电动机带动液压泵驱动工作台在液压作用下做纵向运动; 由装在工作台前侧的换向挡铁碰撞床身上的液压换向开关控制工作台进给方向

续表

运动种类	运动形式	控制要求
进给运动	砂轮箱的横向进给	在磨削的过程中，工作台每换向一次，砂轮箱就横向进给一次； 在修正砂轮或调整砂轮的前后位置时，可连续横向移动； 砂轮箱的横向进给运动可由液压传动，也可用手轮来操作
	砂轮箱的垂直进给	滑座可沿立柱的导轨垂直上下移动，以调整砂轮箱的上下位置，或控制磨削时工件的进给量； 垂直进给运动是通过操作手轮，由机械传动装置实现的
辅助运动	工件的夹紧	工件可以用螺钉和压板直接固定在工作台上； 在工作台上也可以装电磁吸盘，将工件吸附在电磁吸盘上，因此要有充磁和退磁控制环节。为保证安全，电路中设有弱磁保护功能
	工作台的快速移动	工作台能在纵向、横向和垂直三个方向快速移动，由液压传动机构驱动实现
	工件的冷却	冷却泵电动机驱动冷却泵旋转供给切削液，要求砂轮电动机和冷却泵电动机实现顺序控制

三、M7120 型平面磨床电气控制线路分析

1.M7120 型平面磨床电气控制线路图

M7120 型平面磨床电气控制线路图如图 4-4 所示。

2.M7120 型平面磨床电气控制线路的工作原理分析

1）主电路分析

主电路共有四台电动机。M1 是液压泵电动机，M2 是砂轮电动机，M3 是冷却泵电动机，M4 是砂轮升降电动机。

液压泵电动机 M1 用接触器 KM1 控制，热继电器 FR1 作为过载保护；砂轮电动机 M2 和冷却泵电动机 M3 用 KM2 控制，热继电器 FR2、FR3 分别作 M2、M3 的过载保护；砂轮升降电动机 M4 要求做正反转转动，由接触器 KM3 和 KM4 控制。因 M4 短时工作，所以不装过载保护。四台电动机共用一组熔断器 FU1 作短路保护。

2）控制电路分析

（1）液压泵电动机 M1 的控制。

电源开关 QS 合上后，若电源电压正常，欠电压继电器 KV 吸合，KV 的常开触头（8 列）闭合。按下起动按钮 SB2，接触器 KM1 得电吸合并自锁，KM1 主触头闭合，液压泵电动机 M1 启动运转。停止时，按下停止按钮 SB1，接触器 KM1 失电释放，KM1 主触头断开，电动机 M1 停转。

（2）砂轮电动机 M2 和冷却泵电动机 M3 的控制。

当 M1 启动后，按下起动按钮 SB4，接触器 KM2 得电吸合并自锁，KM2 主触头闭合，砂轮电动机 M2 和冷却泵电动机 M3（接插器 XS2 闭合）同时启动运转。冷却泵电动机接插器 XS2 控制冷却泵电动机 M3，当不需要冷却时，可将接插器 XS2 拉出。停止时，按下停止按钮 SB3，接触器 KM2 失电释放，KM2 主触头断开，砂轮电动机 M2 和冷却泵电动机 M3 同时停转。因为砂轮安装在保护盒内，只有小部分露在外面作切削刀刃，虽然停转后依靠惯性要转很长时间，但不会影响安全和工作效率，所以砂轮电动机不进行制动。

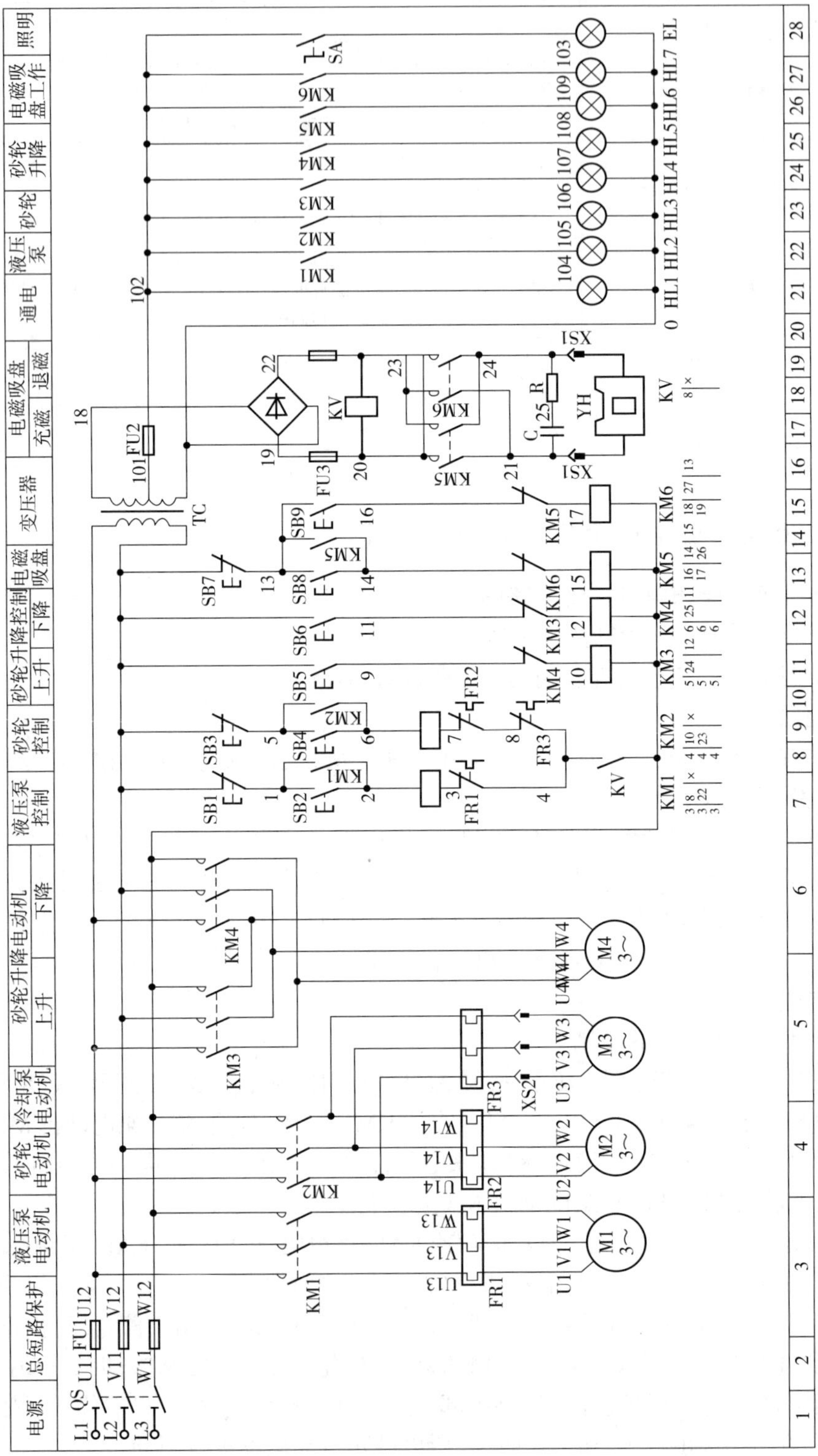

图 4-4 M7120 型平面磨床电气控制线路图

（3）砂轮升降电动机 M4 的控制。

砂轮升降电动机只有在调整工件和砂轮之间位置时使用，所以用点动控制。按下 SB5 按钮，接触器 KM3 得电吸合，KM3 主触头闭合，砂轮升降电动机 M4 正转启动，砂轮上升，移到合适位置时，松开 SB5，KM3 断电释放，KM3 主触头断开，砂轮停止上升。

按下 SB6 按钮时，接触器 KM4 得电吸合，KM4 主触头闭合，砂轮升降电动机 M4 反转启动，砂轮下降，降到合适位置时，松开 SB6，砂轮停止下降。KM3 和 KM4 必须联锁。

3）电磁吸盘工作台电路分析

电磁吸盘是固定加工工件的一种夹具。利用通电导体在铁芯中产出的磁场吸牢铁磁材料的工件，以便加工。它与机械夹具比较，具有夹紧迅速、不损伤工件、工作效率高、一次能吸牢若干个工件的特点并且在加工过程中，工件发热时，它可以自由伸缩。因此，电磁吸盘在平面磨床上用途十分广泛。

电磁吸盘结构如图 4-5 所示。外壳是钢制箱体，中部的芯体上绕有线圈，吸盘的盖板用钢板制成，钢制盖板用非磁性材料如铅锡合金隔离成若干小块。当线圈通上直流电以后，吸凿的芯体被磁化，产生磁场，磁通将以芯体和工件作回路，工件被牢牢吸住。

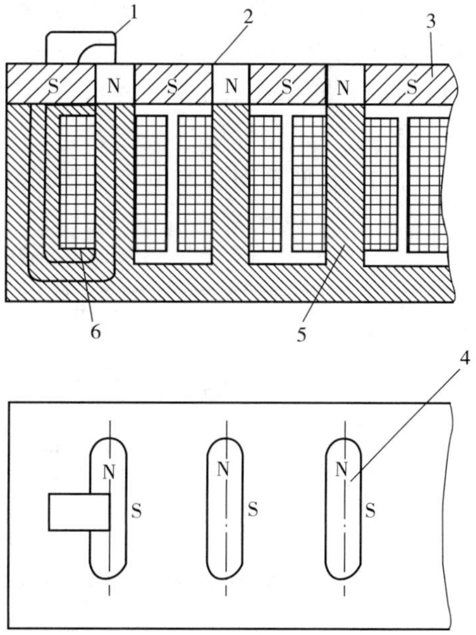

图 4-5　电磁吸盘结构

1—工件；2—绝磁材料；3—盖板；4—芯体；5—钢质箱体；6—线圈

电磁吸盘工作电路由整流装置、控制装置和保护装置组成。

（1）整流装置。其由变压器变压后经全波整流成直流电，供电磁吸盘使用。

（2）控制装置。控制装置由接触器 KM5、KM6 和按钮 SB7、SB8、SB9 组成。控制装置工作主要由两个过程组成。

①充磁过程。当需要使电磁吸盘吸牢工件时，按下按钮 SB8，接触器 KM5 得电并自锁，KM5 主触头接通电磁吸盘，直流电源进入电磁吸盘线圈，产生磁场，吸牢工件。

②去磁过程。加工完成后，需要取下工件，按下按钮 SB9，切断 KM5 的电源，KM5 断电释放，断开电磁吸盘电路。但由于工件和吸盘都有剩磁，很难取下来，因此必须对工件和吸盘去磁。按下按钮 SB9，接触器 KM6 通电吸合，直流电反向通入电磁吸盘线圈中，产生反磁通对工件进行去磁。为防止去磁时间过长使吸盘反复磁化和工件反向磁化，SB9 采用点动按钮。

（2）保护装置。保护装置由放电电阻 R 和电容 C 以及欠压继电器 KV 组成。各部分作用如下。

①电阻 R 和 C 的作用。电磁吸盘是一个大电感，在充磁吸牢工件时，存贮有大量磁场能量，当电磁吸盘需断电时，线圈两端会产生高自感电动势，若无放电电路，势必将吸盘线圈绝缘及其他电器击穿而损坏。因此用电阻和电容组成放电回路，使磁场能量转换成电场能

量,消耗在电阻 R 上。若是 R、C 参数调配得当,RLC 电路可以组成一个衰减振荡回路,有利于去磁。

②欠压继电器 KV 的作用。在加工过程中,若电源电压不足,则电磁吸盘将吸不牢工件,会导致工件被砂轮打出,造成严重事故。因此,在电路中设置了欠压继电器 KV,将其线圈并联在直流电源上,其常开触头串联在液压泵电动机 M1 和砂轮电动机 M2 的控制电路中。当电源电压不足时,欠压继电器释放,断开液压泵电动机 M1 和砂轮电动机 M2 的控制电路,使 KM1 和 KM2 断电释放,液压泵电动机 M1 和砂轮电动机 M2 停转,以保证安全。同时,在开车前若电压过低或整流器 VC 出故障, KV 也不吸合,就开不了车,防止发生工件未吸牢就开始工作而将工件抛出的危险。

4)照明及指示灯电路

指示灯的作用如下。

HL1 亮表示电源正常;HL2 亮表示液压泵电动机 M1 正在工作,工作台正在进行往复运动;HL3 亮表示砂轮电动机 M2 和冷却泵电动机处于运转状态;HL4 亮表示砂轮升降电动机 M4 处于运转状态;HL5 亮表示电磁吸盘在工作。

5)电气元器件用途明细表

M7120 型平面磨床电气元器件用途明细表见表 4-6。

表 4-6 M7120 型平面磨床电气元件及用途

代号	名称及用途	代号	名称及用途
M1	主轴电动机	SB1	按钮,M1 停止
M2	砂轮电动机	SB2	按钮,M1 启动
M3	冷却泵电动机	SB3	按钮,砂轮停止
M4	砂轮升降电动机	SB4	按钮,砂轮启动
KM1	接触器,控制主轴电动机	SB5	按钮,控制砂轮下降
KM2	接触器,控制砂轮电动机和冷却泵电动机	SB6	按钮,控制砂轮上升
KM3	接触器,点动控制 M4 上升	SB7	按钮,电磁吸盘停止充磁
KM4	接触器,点动控制 M4 下降	SB8	按钮,电磁吸盘充磁
KM5	接触器,控制电磁吸盘充磁	SB9	按钮,电磁吸盘去磁
KM6	接触器,点动控制电磁吸盘去磁	QS	总电源开关
FR1	熔断器,M1 过载保护	SA	低压照明灯开关
FR2	热继电器,M2 过载保护	XS1	接插器,连接电磁吸盘
FR3	热继电器,M3 过载保护	XS2	接插器,连接 M3
FU1	熔断器,总电路短路保护	EL	低压照明灯
FU2	熔断器,照明指示灯电路短路保护	HL1~7	电源指示信号灯
TC	变压器,整流降压照明灯指示灯低压电源	YH	电磁吸盘
UR	硅整流器,整流	R	电阻
KV	欠电压继电器,欠电压保护	C	电容

四、M7120 型平面磨床常见电气故障分析

1. 电磁吸盘没吸力

（1）控制装置故障。

合上开关 QS，首先检查 KV 是否吸合。若 KV 吸合，说明故障在控制装置这一部分。首先检查 KM5 和 KM6 是否吸合。若不吸合，说明故障在交流控制部分，可按车床的控制电路故障检修方法检查并排除电路故障；若吸合说明故障在直流控制部分，可进行下一步检修。然后检查接插器 XS1 是否有直流电压。拔下 XS2，使 KM5 吸合，用万用表直流挡测量 XS1 两孔直流电压，若无电压指示，说明接触器 KM5 的主触头接触不良或有关导线断线，或线头松脱；若直流电压正常，则故障是电磁吸盘线圈断路、线头脱落与接插器 XS1 和 XS2 接触不良。

（2）整流电源故障。

合上开关 QS，若 KV 不吸合，检查 KV 线圈两端直流电压是否正常，若直流电压正常，说明 KV 线圈断线或机械卡阻；若无电压指示，说明故障在整流电源部分，检修方法如下。

首先检查整流部分交流侧电源是否正常。用万用表交流 250 V 挡测量 TC 两端的电压，若无电压指示，说明 TC 线圈断线；若电压正常，可测量 UR 两端的交流电压，若无电压指示，说明 UR 到 TC 之间的导线断线或线头松脱。

其次测量 UR 直流输出电压是否正常。用万用表 250 V 直流挡测量，若无电压指示，说明 UR 内部损坏，检查并更新二极管；若电压正常，可测量 FU3 电源侧电压，若无电压，说明导线（UR 至 FU3）断线或线头松脱。

最后测量 FU3 负载侧电压。若电压无指示，说明 FU3 熔体熔断；若电压正常，检查 FU3 至线圈 KV 间的导线，查出是否有断线或线头松脱的故障，并予以排除。

2. 电磁吸盘吸力不足

电磁吸盘吸力不足的故障原因一般为电磁吸盘线圈局部短路或者整流器输出电压不正常。M7120 型平面磨床电磁吸盘的电源由整流器供给，空载时，整流器输入电压应为 130 V 左右；负载时，应不低于 110 V。检修时应先将 XS1 拔下，再闭合 QS，使 KM5 吸合，然后用万用表直流 250 V 挡测量 XS1 的两个孔，测量结果有正常（130~140 V）、偏低（100 V 左右）、很低（65~75 V）三种情况。

（1）电压正常。若整流器空载输出电压正常，带负载时电压远低于 110 V，故障原因可能是电磁吸盘线路短路，一般需要更换电磁吸盘线圈。

（2）电压偏低。测量交流电源电压，若交流电压低，也能导致直流电压相应下降，以致吸力不足。

（3）电压很低。若整流器空载输出电压不正常，大多是因为整流元件短路或者断路造成的，应检查整流器的交流侧电压及直流侧电压。若交流侧电压正常，直流输出电压不正常，则表明整流器元件发生短路或者断路故障。整流器 UR 是由硅二极管组成的，那么每个桥臂就是一个二极管。如果二极管损坏断路或接线线头松脱，都会造成某一桥臂开路，四个整流二极管若有一个断开，则整流电流变成了半波整流，电压将下降到原来的 1/2，吸力会减少。检修时可测量直流电压，若只有 50 V 左右，则一定有一条桥臂断开了，应重新更换新管

子或重新接好电路。具体操作步骤是:先让吸盘工作一段时间,然后断开 QS,用手触摸四个二极管的温度即可判断是否有断路,断路的桥臂以及与它相对应的另一桥臂由于没有电流通过,温度要比其余的两臂低。在切断外电路的情况下,用万用表欧姆挡测量二极管的正反向电阻,可找出损坏的二极管。如果测量的正反向电阻都很大,说明二极管已断路损坏;如果正反向电阻都很小,说明二极管已击穿短路。

M7120 型平面磨床其余故障现象及检修方法见表 4-7。

表 4-7 M7120 型平面磨床故障现象及检修

序号	故障现象	故障原因	检修方法
1	液压泵电动机 M1 不能启动	SB1、SB2 中有接触不良;KM1 线圈烧断;KM1 主触点接触不良;SB1、SB2、KM1 线圈出线端有脱落或断路;液压泵电动机 M1 损坏;热继电器 FR1 主通路有断点	检查 SB1、SB2;检查或更换 KM1;检查 SB1、SB2、KM1 相应元器件及触点的出线端;更换 M1;检查 FR1
2	砂轮电动机 M2 不能启动	SB3、SB4 中有接触不良;KM2 线烧断;KM2 主触点接触不良;SB3、SB4、KM2 线圈出线端有脱落或断路	检查 SB3、SB4;检查或更换 KM2;检查接触器 KM2 主触点;检查相应元器件的出线端
3	冷却泵电动机 M3 不能启动	插座 XS2 接触不良;冷却泵电动机 M3 损坏	维修 XS2;更换冷却泵电动机 M3
	砂轮箱升降电动机 M4 不能升降	SB5、SB6 中有接触不良;KM3、KM4 线圈烧断;SB5、SB6、KM3 常闭触点、KM4 常闭触点、KM3 线圈、KM4 线圈有脱落或断路;砂轮箱升降电动机 M4 损坏	检查 SB5、SB6;检查或更换 KM3、KM4;检查相应元器件及触点的出线端;更换砂轮箱升降电动机 M4
4	操作时无反应	无电源;QS 接触不良或内部熔体断开;FU1 接触不良或熔断;FU1 的出线端脱落或断开	检查电源是否正常,断电后,用万用表电阻挡检查相关部分是否脱落、接触不良或接线端脱落
5	电源正常,但冷却泵砂轮和液压泵不能启动	电磁吸盘控制电路有故障;电动机过载;欠电压继电器常开触点接触不良;KV 常开触点出线端有脱落或断开	检查 FU2、FU3 有否熔断,TC 是否正常,桥式整流是否正常,KV 线圈是否烧断;检查 FR1、FR2、FR3 常闭触点是否因电动机过载断开;修复或更换 KV;检查欠电压继电器 KV 触点出线端
6	充磁正常但不能退磁	KM6 线圈烧断;KM6 主触点接触不良;SB9、KM5 常闭触点接触不良;KM6 线圈支路各元器件及触点的出线端脱落或断路	修理或更换 KM6;检查相应元器件及触点的出线端

【巩固练习】

1. 如何检查、判断 M7120 型平面磨床车床的故障。
2. 进行故障检修时应注意哪些问题。

技能训练　M7120型平面磨床电气控制线路故障分析与检查

一、目的要求

掌握M7120型平面磨床电气控制线路的故障分析与检修。

二、工具、仪表

(1)工具:验电器、钢丝钳、一字形和十字形螺钉旋具、电工刀、尖嘴钳、活扳手、剥线钳等。

(2)仪表:万用表、绝缘电阻表、钳形电流表。

三、步骤

(1)在教师的指导下熟悉磨床的主要结构和运动形式,了解磨床的各种工作状态和操作方法。

(2)在教师的指导下熟悉磨床的元器件位置及安装方法,弄清磨床的线路控制。

(3)教师在M7120型平面磨床上人为设置自然故障点,进行示范检修。

①通过通电试验,引导学生观察故障现象。

②根据故障现象,依据电路图用逻辑分析法初步确定故障范围,并在电路图中标出最小故障范围。

③采取适当的检查方法查出故障点,并正确排除故障。

④检修完毕进行通电试车,并做好维修记录。其中人为故障设置应注意以下几点。

a. 人为设置的故障必须是模拟车床在使用过程中出现的自然故障。

b. 不能通过更改线路或更换电器元件来设置故障。

c. 设置故障不能损坏电器元件,不能破坏线路美观,不能设置易造成人身或设备事故的故障点。

d. 设置的故障可先易后难,先设置单个故障,然后过渡到两个或两个以上故障;当设置一个以上故障点时,故障现象尽可能不要相互掩盖。

(4)由教师在线路中设置几处人为的自然故障点。

(5)按照检查步骤和检修方法,学生自行独立进行检修。在检修过程中如果发现问题,要向老师汇报,经老师检查后方可进行修理。

四、注意事项

(1)工具和仪表的使用应符合使用要求。

(2)在检修过程中,严禁扩大故障范围或产生新的故障点。

(3)故障排查出,故障点修复不得更换元件、改变电路。

(4)注意二极管极性不要接错。

(5)电磁吸盘容易发生故障,检修分析时要特别注意电磁吸盘及其线路。

(6)线路检查必须在断电的情况下进行,必须有专业教师在现场进行指导,以确保用电安全。

五、评分标准

评分标准

序号	评价内容	配分	评分标准	扣分	得分
1	故障分析	30	(1)不分析研究故障扣5分; (2)漏标、错标故障范围,每个故障范围扣10分; (3)漏标、错标故障点,每个故障点扣5分; (4)故障分析方法错误扣10分		
2	故障排除	60	(1)断电后不验电扣5分; (2)故障排除方法错误扣10分; (3)工具及仪表使用不当,每次扣5分; (4)检修中扩大故障范围扣15分; (5)少查出故障,每个故障点扣5分; (6)少排除故障,每个故障点扣5分; (7)损坏电器元件扣20分; (8)产生新的故障且不能修复,每个扣10分		
3	安全文明生产	10	(1)不按照安全规定操作扣5分; (2)自身防护不到位扣5分; (3)操作完成后工具、仪表等未归位或者未放置整齐扣5分; (4)出现短路或触电扣10分		
合计		100			

任务四　T68型卧式镗床

【学习目标】

1. 熟悉T68型卧式镗床电气控制线路工作原理。
2. 掌握T68型卧式镗床电气控制线路的分析方法及其故障检修。

【学习要点】

T68型卧式镗床电气控制线路的分析。

镗床是一种精密加工机床,主要用来镗孔、钻孔、扩孔、铰孔及加工端平面等,用于加工精确的孔和各孔间的相互位置要求较高的零件,可加工钻床不能加工的零件。按结构形式,镗床可分为卧式镗床、立式镗床和坐标镗床等,其中以卧式镗床应用最为广泛。下面以T68型卧式镗床为例进行分析。

T68型卧式镗床型号意义如下:

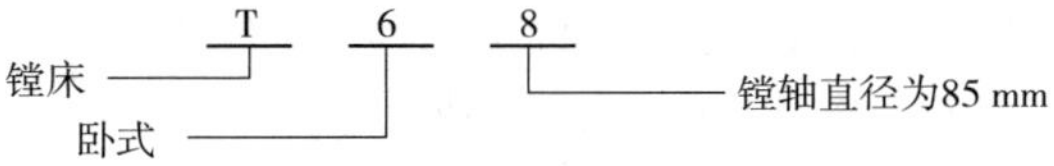

一、T68 型卧式镗床主要结构和功能

1. 主要结构

T68 型卧式镗床主要由床身、前立柱、镗头架、后立尾座、上溜板、下溜板、工作台等部分组成。其结构示意图如图 4-6 所示。

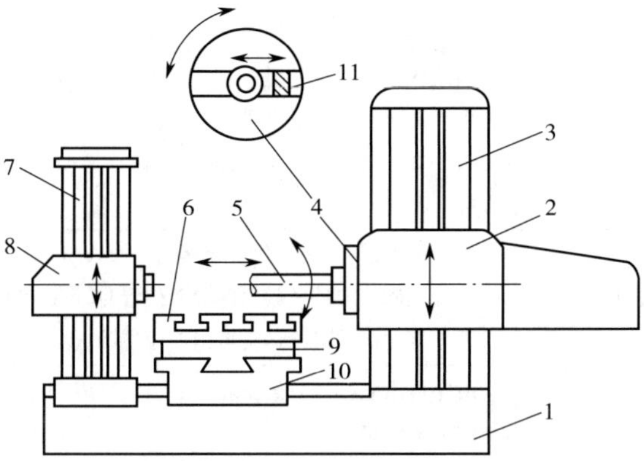

图 4-6　T68 型卧式镗床结构示意图

1—床身；2—镗头架；3—前立柱；4—平旋盘；5—镗轴；
6—工作台；7—后立柱；8—尾座；9—上溜板；10—下溜板；11—刀具溜板

2. 主要部分功能

（1）床身。床身是一个整体铸件，在它的一端固定有前立柱，在前立柱上装有可上下移动的镗头架。

（2）镗头架。镗头架装有主轴部分、变速箱、进给箱与操纵机构等部件，切削刀具固定在镗轴前端的锥形孔里或装在花盘的刀具溜板上。

（3）镗轴。镗轴一面旋转，一面带动刀具沿轴向做进给运动。

（4）挂轮箱。挂轮箱将主轴电动机的动力传递给进给箱。

（5）后立柱、尾座。后立柱固定在床身的另一端，可沿床身导轨做水平移动。后立柱上的尾座用来支承装夹在镗轴上的镗杆末端，它与镗头架同时升降。

（6）工作台。工作台由上溜板、下溜板与可转动的台面组成，装于床身中部的导轨上。下溜板可沿床身导轨做纵向运动，上溜板可沿下溜板的导轨做横向移动，工作台相对于上溜板可做回转运动。

（7）前立柱。前立柱装有导轨，镗头架在导轨上垂直移动。

二、T68 型卧式镗床主要运动形式及控制要求

T68 型卧式镗床的主运动是镗轴和平旋盘的旋转运动。进给运动是镗轴的轴向运动、平旋盘刀具溜板的径向运动、工作台的横向运动，工作台的纵向运动和镗头架的垂直运动；

辅助运动包括工作台的回转运动、后立柱的轴向移动、尾座的垂直运动及各部分的快速移动。T68 型卧式镗床主要运动形式及控制要求见表 4-8。

表 4-8 T68 型卧式镗床主要运动形式及控制要求

运动种类	运动形式	控制要求
主运动	砂轮的高速旋转	为保证磨削加工质量，要求砂轮有较高的转速，通常采用两极笼型异步电动机； 为提高主轴的刚度，简化机械结构，采用装入式电动机，将砂轮直接装到电动机轴上； 砂轮电动机只要求单向旋转，可直接启动，无调速和制动要求
进给运动	工作台的纵向进给	因液压传动换向平稳，易于实现无级调速，因此液压泵电动机带动液压泵驱动工作台在液压作用下做纵向运动； 由装在工作台前侧的换向挡铁碰撞床身上的液压换向开关控制工作台进给方向
	砂轮箱的横向进给	在磨削的过程中，工作台每换向一次，砂轮箱就横向进给一次； 在修正砂轮或调整砂轮的前后位置时，可连续横向移动； 砂轮箱的横向进给运动可由液压传动，也可用手轮来操作
	砂轮箱的垂直进给	滑座可沿立柱的导轨垂直上、下移动，以调整砂轮箱的上下位置，或控制磨削时工件的进给量； 垂直进给运动是通过操作手轮由机械传动装置实现的
辅助运动	工件的夹紧	工件可以用螺钉和压板直接固定在工作台上； 在工作台上也可以装电磁吸盘，将工件吸附在电磁盘上，因此要有充磁和退磁控制环节。为保证安全，电路中设有弱磁保护功能
	工作台的快速移动	工作台能在纵向、横向和垂直三个方向快速移动，由液压传动机构驱动实现
	工件的冷却	冷却泵电动机驱动冷却泵旋转供给切削液，要求砂轮电动机和冷却泵电动机实现顺序控制

三、T68 型卧式镗床电气控制线路分析

（一）T68 型卧式镗床电气控制线路图

T68 型卧式镗床电气控制线路图如图 4-7 所示。SQ1 是与工作台和镗头架自动进给手柄联动的行程开关，当手柄操作工作台和镗头架进给时，SQ1 受压，其常闭触点分断。SQ2 是与主轴和平旋盘刀架自动进给手柄联动的行程开关，当手柄操纵主轴和平旋盘刀架自动进给时，SQ2 受压，其常闭触点分断。SQ3、SQ5 是与主轴变速操作手柄联动的行程开关。SQ4、SQ6 是与进给变速操作手柄联动的行程开关。SQ7 为主电机高、低速变换行程开关。SQ8、SQ9 分别是与快速移动操作手柄联动的正、反向行程开关。表 4-9~表 4-11 为上述部分行程开关工作状态表。

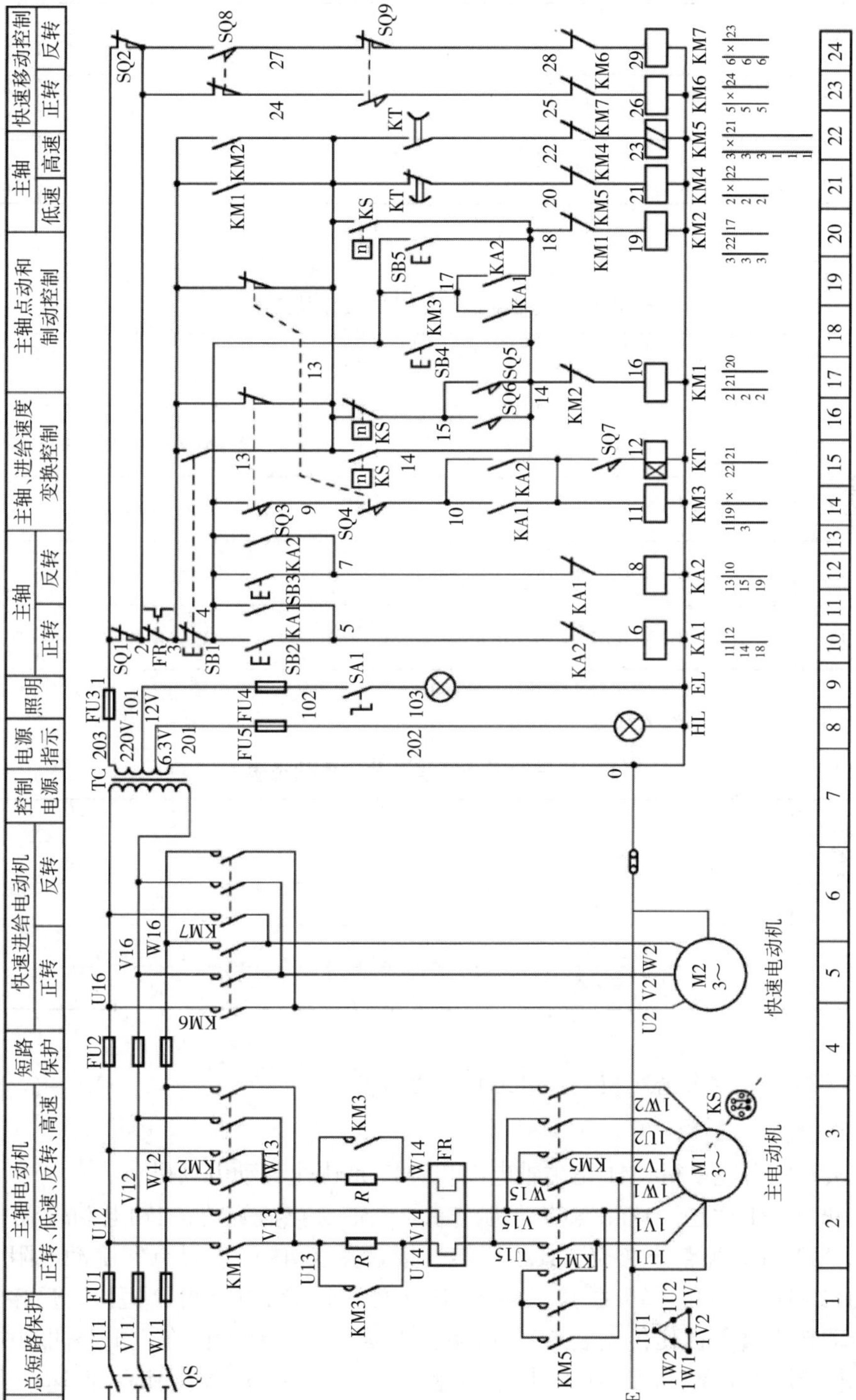

图 4-7　T68 型卧式镗床电气控制线路图

表 4-9　主电动机高、低速变换行程开关工作状态表

触点	位置	
	主轴电动机低速	主轴电动机高速
SQ7(15 区)	断开	闭合

表 4-10　主轴变速行程开关工作状态表

触点	位置	
	变速孔盘拉出(变速时)	变速后变速孔盘推回原位
SQ3(14 区)	断开	闭合
SQ3(16 区)	闭合	断开
SQ5(17 区)	闭合	断开

表 4-11　进给变速行程开关工作状态表

触点	位置	
	变速孔盘拉出(变速时)	变速后变速孔盘推回原位
SQ4(14 区)	断开	闭合
SQ4(19 区)	闭合	断开
SQ6(16 区)	闭合	断开

(二)T68 型卧式镗床电气控制线路工作原理分析

1. 主电路分析

主电路共有两台电动机,M1 是主轴电动机,M2 是快速移动电动机。

主轴电动机 M1 通过变速箱等传动机构带动主轴及花盘旋转,主轴电动机 M1 由接触器 KM1 和 KM2 的主触点分别控制其正反转。接触器 KM3 的主触点和制动电阻 R 并联。当主轴电动机 M1 启动和运转时,接触器 KM3 主触点闭合,将电阻 R 短接。反接制动时,为了防止制动转矩过大损伤传动装置,将接触器 KM3 主触点断开,在主电路两相中接入电阻 R。主轴电动机 M1 是一台双速电动机,接触器 KM5 和 KM4 控制其高、低速。当接触器 KM5 常开触点闭合时,定子绕组为 YY 接法,主轴电动机 M1 为高速;当接触器 KM4 常开触点闭合时,定子绕组为△接法,主轴电动机 M1 为低速。绕组与电源连接的相序低速与高速相反,主轴电动机 M1 低速与高速的旋转方向相同。主轴电动机 M1 由热继电器 FR 作过

载保护。

快速移动电动机 M2，带动主轴的轴向进给、花盘径向进给、镗头架的垂直进给及工作台的横向和纵向进给。快速移动电动机 M2 由接触器 KM6、KM7 控制其正、反转，实现快进和快退。快进电动机 M2 用熔断器 FU2 作短路保护。因为 M2 短时运行，所以不需要过载保护。

2. 控制电路分析

1）主轴电动机 M1 的启动

（1）主轴电动机正向启动。在图 4-7 中，将正转起动按钮 SB2 按下，则中间继电器 KA1 线圈通电吸合，KA1 自锁触点闭合进行自锁，KA1 常开触点（14 区）闭合，接触器 KM3 线圈得电动作（此时，进给变速行程开关 SQ3 和主轴变速行程开关 SQ4 是压合的，其常开触点闭合），接触器 KM3 的主触点闭合，制动电阻 R 被短接，KM3 常开触点（18 区）闭合，接触器 KM1 得电吸合，KM1 主触点闭合，接通电动机 M1 的电源，KM1 辅助常开触点（21 区）闭合，KM4 线圈得电吸合，KM4 主触点闭合，电动机 M1 接成△形正向启动。

（2）主轴电动机反向启动。将反转起动按钮 SB3 按下，中间电器 KA2 和接触器 KM3、KM2、KM4 线圈先后得电吸合，电动机 M1 接成△形反向启动。

2）主轴电动机 M1 的制动

（1）正转制动控制。电动机正转运行时，当转速达到 120 r/min 左右时，速度继电器 KS 的正转常开触点 KS（20 区）闭合，为停车制动做好准备。若要停车制动，就按 SB1，此时中间继电器 KA1 和接触器 KM3 线圈断电释放，KM3 的常开触点（19 区）断开，接触器 KM1 线圈断电释放，主轴电动机 M1 断电后由于惯性一直运转。与此同时，接触器 KM2 和 KM4 线圈得电吸合，KM2 和 KM4 主触点闭合，主轴电动机 M1 串电阻 R 反接制动，当转速降至 100 r/min 左右时，速度继电器 KS 的常开触点 KS（20 区）断开，接触器 KM2 和 KM4 断电释放，反接制动结束。

（2）反转制动控制。电动机反转运行时，当转速达到 120 r/min 左右时，速度继电器 KS 的正转常开触点 KS（15 区）闭合，为停车制动做好准备。其他过程同正转制动控制。

3）主轴电动机 M1 的点动

（1）正向点动。要使主轴电动机 M1 正向点动，可按下正向点动按钮 SB4，接触器 KM1 线圈得电动作，其常开触点（21 区）闭合，接触器 KM4 得电动作，KM1 和 KM4 的主触点闭合，主轴电动机 M1 串接电阻 R 低速旋转。松开按钮 SB4，接触器 KM1 和 KM4 线圈断电释放，主轴电动机 M1 停转。

（2）反向点动。按下正向点动按钮 SB5，接触器 KM2 线圈得电动作，其常开触点（22 区）闭合，接触器 KM4 得电动作，KM2 和 KM4 的主触点闭合，主轴电动机 M1 接成串接电阻 R 低速旋转。松开按钮 SB5，接触器 KM2 和 KM4 线圈断电释放，主轴电动机 M1 停转。

4）主轴变速、进给变速

T68 型卧式镗床的主轴变速与进给变速可在停车时进行，也可在运行中进行。变速时将变速手柄拉出，转动变速盘，选好速度后，推回变速手柄。下面主要对主轴变速进行分析。

（1）停车变速。拉出主轴变速手柄，行程开关触点 SQ2 常闭触点（24 区）断开、SQ3 常开触点（14 区）断开、SQ3 常闭触点（16 区）闭合、SQ5 常开触点（17 区）闭合。因为 SQ1

（10 区）、FR、KS 常闭触点（16 区）均闭合，所以 KM1 得电吸合。

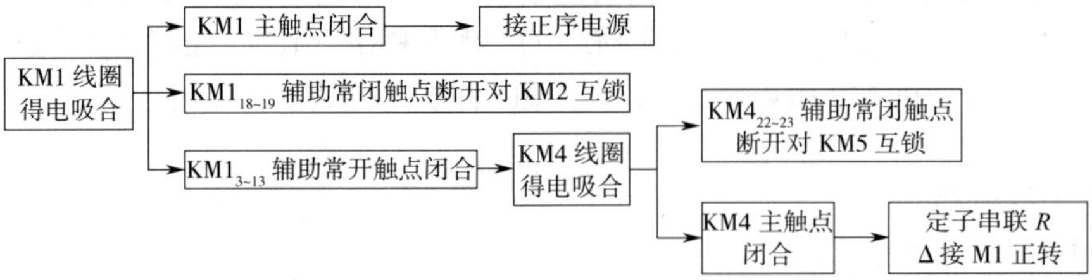

当转速升至 140 r/min 时，$KS_{13\sim15}$ 常闭触点断开，$KS_{13\sim18}$ 常开触点闭合，具体过程分析如下。

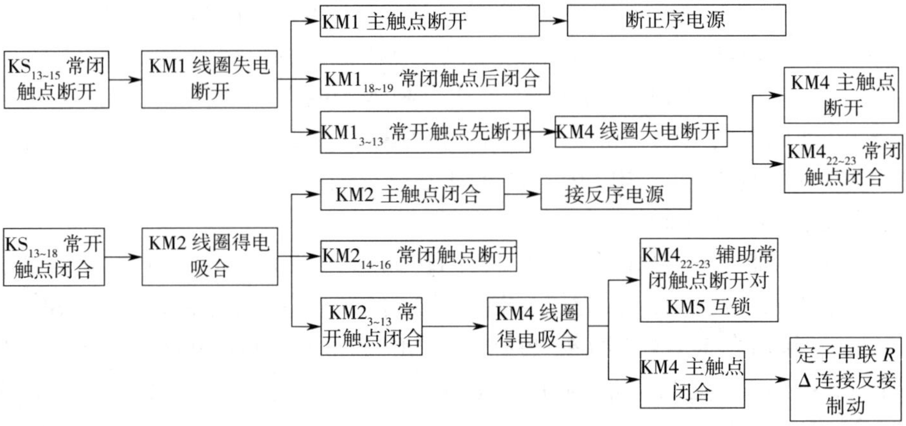

当转速降至 100 r/min 时，$KS_{13\sim18}$ 常开触点先断开，$KS_{13\sim15}$ 常闭触点后闭合，具体过程如下。

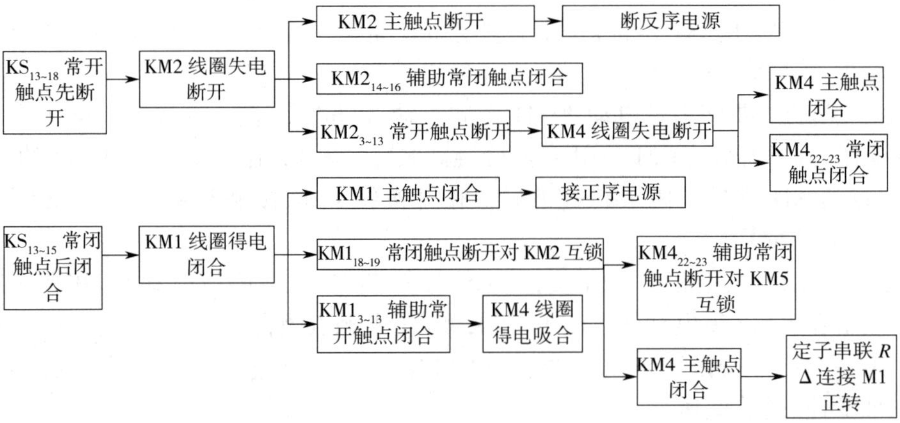

由上述分析可知：当主轴手柄拉出时，M1 正向低速启动，然后反接制动，再正向低速启动，电动机在 100~140 r/min 的范围内重复启动、制动，直到齿轮啮合后，主轴变速手柄推回，SQ3 常开触点（14 区）闭合，SQ3 常闭触点（16 区）断开，SQ5 常开触点（17 区）断开。切断

KM1 线圈电路，KM1 线圈断电，随之 KM4 线圈断电，变速冲动过程结束。

进给变速时拉出进给变速手柄，行程开关触点 SQ4 常开触点（14 区）断开，SQ4 常闭触点（19 区）闭合，SQ6 常开触点（16 区）闭合，其余与主轴变速完全相同。

（2）运行中变速。以 M1 电动机正向高速运行中主轴变速为例分析，此时 KS 常开触点（20 区）闭合。拉出主轴变速手柄，行程开关 SQ3 常开触点（14 区）断开，SQ3 常闭触点（16 区）闭合，SQ5 常开触点（17 区）闭合。

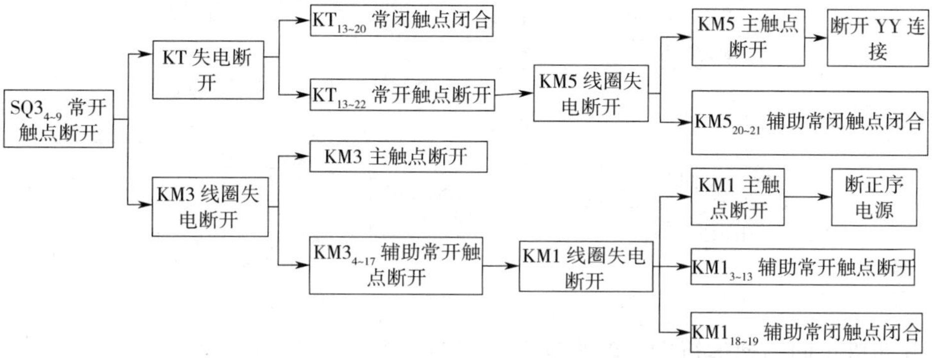

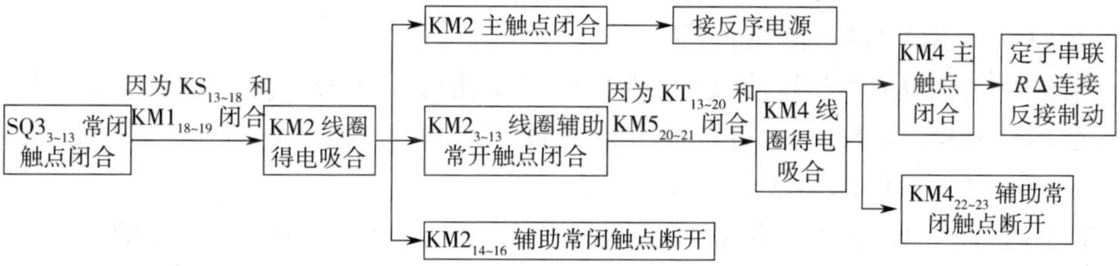

当转速降至 100 r/min 时，$KS_{13\sim18}$ 常开触点先断开，$KS_{13\sim15}$ 常闭触点后闭合，具体过程如下。

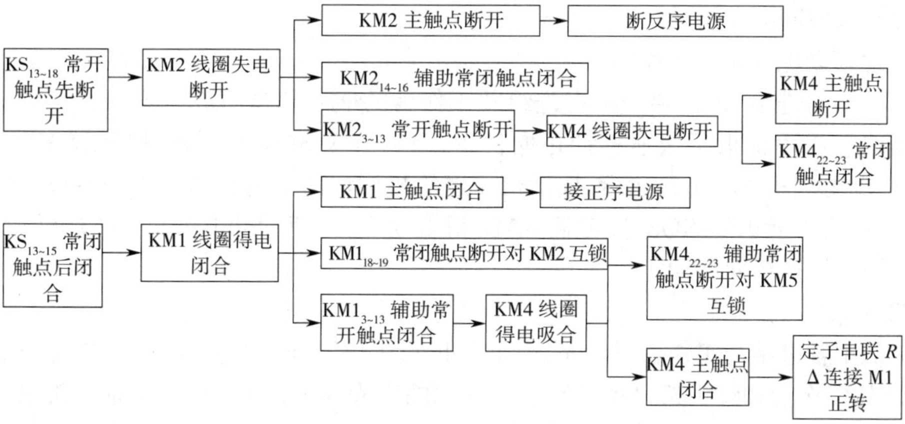

电动机在 100~140 r/min 的范围内重复启动、制动，直到齿轮啮合后，主轴变速手柄推回，则 SQ3 常开触点（14 区）闭合，SQ3 常闭触点（16 区）断开，SQ5 常开触点（17 区）断开。

高速运行时 SQ7 常开触点(15 区)闭合,此时 KT 得电吸合, KT 常开触点(22 区)闭合,而且进给变速手柄在原位。此时 SQ4 常开触点(14 区)处于闭合状态,于是 M1 自动转回高速运行,电路工作过程如下。

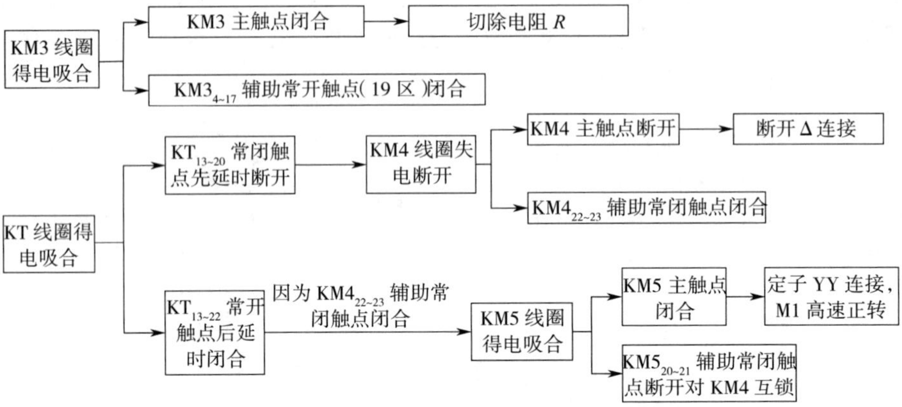

M1 电动机正向高速运行中进给变速与主轴变速相同,请读者自行分析。

5)主轴电动机 M1 的高、低速转换

(1)低速运行(△形接法)。通过变速手柄将变速行程开关 SQ3 的常开触点(14 区)处于断开状态,时间继电器 KT 不吸合,接触器 KM5 断电, KM4 将主轴电动机 M1 的定子绕组接成△形,直接启动,低速运转。

(2)高速运行。通过变速手柄将变速行程开关 SQ7 的常开触点(15 区)闭合,再按下起动按钮 SB2,则中间继电器 KA1、时间继电器 KT 和接触器 KM3、KM1、KM4 的线圈先得电吸合, KT 延时未到时,主轴电动机 M1 以△接法低速启动。KT 的常闭触点(21 区)延时断开,接触器 KM4 断电释放, KT 的常开触点(22 区)延时闭合,使接触器 KM5 得电动作,使主轴电动机 M1 接成 YY 形,高速运行。主轴电动机 M1 先经低速启动再达高速运行,以降低启动时的机械冲击和能耗。

6)快速移动电动机 M2 控制

主轴的轴向进给、镗头架的垂直进给及工作台的横向和纵向进给等快速移动由快速移动手柄操纵。将手柄扳至快速移动正向位置,行程开关 SQ9 被压合,接触器 KM6 得电吸合,快速移动电动机 M2 正转运行,拖动机床进给机构快速正向移动。当手柄扳至快速移动反向位时,压合位置开关 SQ8,接触器 KM7 得电动作,快速移动电动机 M2 反转运行,拖动机床进给机构快速反向移动。

7)联锁保护

为保证主轴进给与工作台进给不能同时进行,用位置开关 SQ1 和 SQ2 来进行联锁。其中 SQ1 是与工作台和镗头架自动进给手柄联动的行程开关, SQ2 是与主轴平旋盘刀架自动进给手柄联动的行程开关。当工作台及镗头架扳到自动进给位置时,位置开关 SQ1 被压下,其常闭触点(9 区)断开;当主轴及花盘刀架扳到自动进给位置时,位置开关 SQ2 被压下,其常闭触点(24 区)断开;如果两个手柄都扳到自动进给位置时,SQ1 的常闭触点和 SQ2

的常闭触点都断开，控制电路断电，机床不能工作，保护了机床安全。

3. 照明电路

照明灯 EL 由开关 SA 控制。熔断器 FU4 是照明电路的短路保护。HL 为信号灯，当控制电路变压器有电时，信号灯就亮。

4.T68 型卧式镗床电气元件及用途

T68 型卧式镗床电气元件及用途明细见表 4-12。

表 4-12　T68 型卧式镗床电气元件及用途

代号	名称及用途	代号	名称及用途
M1	主轴电动机	SQ1	联锁保护开关
M2	快速移动电动机	SQ2	联锁保护开关
KM1	接触器，控制 M1 正转	SQ3	主轴变速开关
KM2	接触器，控制 M1 反转	SQ4	进给变速开关
KM3	接触器，短接限流电阻	SQ5	主轴变速冲动开关
KM4	接触器，控制 M1 低速	SQ6	进给变速冲动开关
KM5	接触器，控制 M1 高速	SQ7	M1 高速接通开关
KM6	接触器，控制 M2 正转	SQ8	M2 反转限位开关
KM7	接触器，控制 M2 反转	SQ9	M2 正转限位开关
KA1	中间继电器，控制 M1 正速	FR	热继电器，过载保护
KA2	中间继电器，控制 M1 反速	TC	照明电路、控制电路变压器
KT	时间继电器，控制 M1 高速	FU1	熔断器，M1 短路保护
SB1	M1 停止按钮	FU2	熔断器，M2 短路保护
SB2	M1 正转起动按钮	FU3	熔断器，控制电路短路保护
SB3	M1 反转起动按钮	FU4	熔断器，照明短路保护
SB4	M1 正转点动按钮	FU5	熔断器，电源指示灯短路保护
SB5	M1 反转点动按钮	EL	照明灯
KS	速度继电器，M1 正反转制动	HL	电源指示灯
R	M1 限流电阻		

四、T68 型卧式镗床常见电气故障分析

（1）主轴电动机 M1 正转方向不能启动。

对于主电路、控制电路及照明电路等故障，基本检查方法同车床相似，现将特殊故障作如下分析。选好所需手柄及进给量，按照以下步骤进行分析。

按下正转起动按钮 SB2，若是继电器 KA1 不吸合，可看电源指示灯 HL 是否亮，灯亮说明电源电压正常，可继续下一步。然后强制闭合中间继电器 KA1，可能会出现以下几种情况。

①其他接触器均不吸合,故障的原因可能是停止按钮 SB1、位置开关 SQ1 的常闭触点、热继电器 FR 常闭触点接触不良,可用万用表检查。

②其他接触器和电动机 M1 都工作,松开 KA1 后又都不工作。故障原因可能是中间继电器 KA1 线圈断路或起动按钮 SB2、继电器 KA2 的常闭触点接触不良,可依次检查故障原因并予以修复。

③其他接触器和电动机 M1 都正常工作,松开 KA1 后也能自锁。那么主轴电动机 M1 正转方向不能启动的故障原因是正转起动按钮 SB2 接触不良,可修复或调换按钮 SB2。

(2)主轴电动机 M1 只有低速挡,没有高速挡。

这类故障的原因一般有以下几种。

①时间继电器 KT 不动作,主轴电动机只能在低速运转,不能转换到高速。故障的原因一般为位置开关 SQ7 的常开触点接触不良或时间继电器 KT 的线圈断线,可用万用表查出故障点。

②时间继电器 KT 吸合,而主轴电动机 M1 停转,不能转换到高速。故障原因一般为时间继电器 KT 的延时闭合常开触点(22 区)、接触器 KM4 的常闭触点(21 区)、接触器 KM5 线圈断线。若时间继电器 KT 和接触器 KM5 均吸合,而主轴电动机 M1 停转,不能转换到高速则故障的原因一般为接触器 KM5 的主触点接触不良。

③主轴变速手柄拉出后,主轴电动机 M1 不能冲动或在变速完毕,合上变速手柄后主轴电动机 M1 不能自动停车。当主轴变速手柄拉出后,通过变速机构的杠杆、压板使行程开关 SQ3 动作, SQ3 的常开触点断开,主轴电动机 M1 断电而制动停车。速度选好后推上手柄,行程开关 SQ5 动作,使主轴电动机 M1 低速冲动,行程开关 SQ3 和 SQ5 装在主轴箱的下部,由于位置偏移、触点接触不良而不能完成上述动作,又因 SQ3 或 SQ5 的绝缘击穿使触头短路,造成手柄拉出后,SQ3 尽管已动作,但由于短路接通,使主轴仍以原来转速旋转。

(3)主轴电动机 M1 不能制动。

主轴电动机的制动控制电路由停止按钮 SB1、速度继电器 KS、正反转接触器 KM1 和 KM2 构成。若停止按钮动作正常时,则产生上述故障的原因有以下两种。

①速度继电器 KS 损坏或触点接触不良,使正、反转动合触点 KS_2 和 KS_1 不能闭合,造成 KM2 或 KM1 不能得电,因而电路不能制动。

②接触器 KM1 或 KM2 的动断互锁触点接触不良或线圈损坏,也会使主轴电动机不能制动。

(4)不能快速进给。

故障原因在于两条控制支路 2—24—25—26—0 和 2—27—28—29—0 中导线有断开点,各元器件触点的出线端断开、脱落、触点接触不良,接触器 KM6、KM7 线圈断开。

(5)主电动机点动、低速正反转及低速反接制动均正常,但高、低速转向相反,且当主电动机高速运行时,不能停车。

故障原因是误将主电动机高速和低速运行时的三相电源都接成同相序,此时将定子绕组进线端任何两相对调即可。

(6)主轴或进给变速手柄拉出后,主电动机不能产生冲动。

这种故障一般有两种情况。

①变速手柄拉出后，主电动机 M1 仍以原来转向和转速旋转。产生这两种故障现象的原因，前者多数是由行程开关 SQ3 或 SQ4 的常开触点质量不高等，使得绝缘被击穿而无法分断，致使 KM3、KT 仍保持吸合造成的。

②变速手柄拉出后，M1 能反接制动，但制动到转速为零时，仍不能进行低速冲动。故障原因一般是行程开关 SQ3、SQ5 或 SQ4、SQ6 的位置移动、触点接触不良，使触点 SQ3、SQ5 或 SQ4、SQ6 不能闭合，或者速度继电器 KS 的常闭触点不能闭合。

T68 型卧式镗床其余故障现象及检修方法见表 4-13。

表 4-13　T68 型卧式镗床其余故障现象及检修方法

序号	故障现象	故障原因	检修方法
1	主轴电动机 M1 不能启动	熔断器 FU1、FU2、FU3、FU4 其中一个有熔断；自动快速进给、主轴进给操作手柄的位置不正确；压合 SQ1、SQ2 动作；热继电器 FR 动作，使电动机不能启动	查熔断器 FU1 熔断器是否已熔断，若 FU1 已熔断，说明电路中有大电流冲击，故障主要集中在 M1 主电路上。然后查电路无短路，最后更换熔体
2	主轴电动机 M1、进给电动机 M2 不工作	熔断器 FU1、FU2、FU3、FU4 熔断，变压器 TC 损坏	查看照明灯工作正常，说明 FU1、FU2 未熔断。在断电情况下，查 FU4 是否熔断，更换熔断器
3	点动可以工作，直接操作 SB2、SB3 按钮不能启动	接触器 KM3 线圈或常开触点损坏	查接触器 KM3 线圈，更换接触器
4	正反转速度都偏低	SQ3、SQ4 未被压合；接触器 KM3 未动作，KM3 主触点未闭合	查 SQ3、SQ4 压合或移位情况；查接触器 KM3 线圈，更换排除
5	正向启动正常，不能反向启动	若反向点动正常，故障在 KA2 线圈、KA1 常闭触点、起动按钮 SB3 及连接导线	先查 KA2 线圈是否正常，再查 KA1 常闭触点是否损坏，修复常闭触点
6	正向、反向启动正常，反向无制动	速度继电器 KS 常开触点（20 区），以及连接导线故障	若反向启动正常，则故障在 KS 常开触点（20 区）未闭合，若 KS 常开触点（20 区）闭合时电阻值很大，则要修复触点
7	正向启动正常，反向启动不正常，反向无制动	KM2 线圈损坏；KM2 主触点接触不良；KM1 常闭触点接触不良；KS 触点（20 区）未闭合	查 KM2 线圈是否正常；KM2 主触点接触不良；KM1 常闭触点是否接触不良；速度继电器 KS 常开触点是否良好
8	低速没有转动，启动时就进入高速运转	时间继电器 KT 延时断开常闭触点损坏；KM5 动断触点接触不良；KM4 线圈损坏	查时间继电器 KT 延时断开常闭触点是否已损坏；KM5 动断触点是否接触不良；KM4 线圈是否损坏
9	变速时，电动机不能停止	行程开关 SQ3 或 SQ4 常开触点被短接	拉出变速手柄，查位置开关 SQ3，若是正常，SQ4 常开触点的电阻很小，更换位置开关 SQ4
10	主轴电动机运转正常，刹车后反向低速运转，不能自动断开电源；变速时，接通电源主轴马上反向低速运转	速度继电器 KS 没有复位（断开）	测速度继电器 KS 常开触点电阻值，若为零，已损坏，修复速度继电器

【巩固练习】

1. 如何检查判断 T68 型卧式镗床的故障。
2. 进行故障检修时应注意哪些问题。

技能训练 T68 型卧式镗床电气控制线路故障分析与检查

一、目的要求

掌握 T68 型卧式镗床电气控制线路的故障分析与检修。

二、工具、仪表

(1)工具:验电器、钢丝钳、一字形和十字形螺钉旋具、电工刀、尖嘴钳、活扳手、剥线钳等。

(2)仪表:万用表、绝缘电阻表、钳形电流表。

三、步骤

(1)在教师的指导下熟悉镗床的主要结构和运动形式,了解镗床的各种工作状态和操作方法。

(2)在教师的指导下熟悉镗床的元器件位置及安装方法,弄清镗床的线路控制。

(3)教师在 T68 型卧式镗床上人为设置自然故障点,进行示范检修。

①通过通电试验,引导学生观察故障现象。

②根据故障现象,依据电路图用逻辑分析法初步确定故障范围,并在电路图中标出最小故障范围。

③采取适当的检查方法查出故障点,并正确排除故障。

④检修完毕进行通电试车,并做好维修记录。其中人为故障设置应注意以下几点。

a. 人为设置的故障必须是模拟车床在使用过程中出现的自然故障。

b. 不能通过更改线路或更换电器元件来设置故障。

c. 设置故障不能损坏电器元件,不能破坏线路美观,不能设置易造成人身或设备事故的故障点。

d. 设置的故障可先易后难,先设置单个故障,然后过渡到两个或两个以上故障;当设置一个以上故障点时,故障现象尽可能不要相互掩盖。

(4)由教师在线路中设置几处人为的自然故障点。

(5)按照检查步骤和检修方法,学生自行独立进行检修。在检修过程中如果发现问题,要向老师汇报,经老师检查后方可进行修理。

四、注意事项

(1)熟悉 T68 型卧式镗床电气线路基本环节及控制要求。

（2）工具和仪表的使用应符合使用要求。

（3）故障排查出，故障点修复不得更换元件、改变电路。

（4）不要随便改变升降电动机原来的电源相序。

（5）在检修过程中，严禁扩大故障范围或产生新的故障点。

（6）线路检查必须在断电的情况下进行，必须有专业教师在现场进行指导，以确保用电安全。

五、评分标准

评分标准

序号	评价内容	配分	评分标准	扣分	得分
1	故障分析	30	（1）不分析研究故障扣5分； （2）漏标、错标故障范围，每个故障范围扣10分； （3）漏标、错标故障点，每个故障点扣5分； （4）故障分析方法错误扣10分		
2	故障排除	60	（1）断电后不验电扣5分； （2）故障排除方法错误扣10分； （3）工具及仪表使用不当，每次扣5分； （4）检修中扩大故障范围扣15分； （5）少查出故障，每个故障点扣5分； （6）少排除故障，每个故障点扣5分； （7）损坏电器元件扣20分； （8）产生新的故障且不能修复，每个扣10分		
3	安全文明生产	10	（1）不按照安全规定操作扣5分； （2）自身防护不到位扣5分； （3）操作完成后工具、仪表等未归位或者未放置整齐扣5分； （4）出现短路或触电扣10分		
合计		100			

任务五　X62 W 型卧式万能铣床

【学习目标】

1. 熟悉 X62 W 型卧式万能铣床电气控制线路工作原理。
2. 掌握 X62 W 型卧式万能铣床电气控制线路的分析方法及其故障检修。

【学习要点】

X62 W 型卧式万能铣床电气控制线路的分析。

万能铣床是一种高效率的加工机械，在机械加工厂和机修工厂中都得到了广泛应用。在金属切削机床中，铣床在数量上仅次于车床。铣床可用来加工平面、斜面和沟槽等，装上分度头后还可以铣切直齿轮和螺旋面，装上圆工作台还可以铣切凸轮和弧形槽。铣床的种类很多，有卧铣、立铣、龙门铣、仿形铣及各种专用铣床等。下面以广泛应用的 X62 W 型卧式万能铣床为例进行分析。

X62 W 型卧式万能铣床型号意义如下：

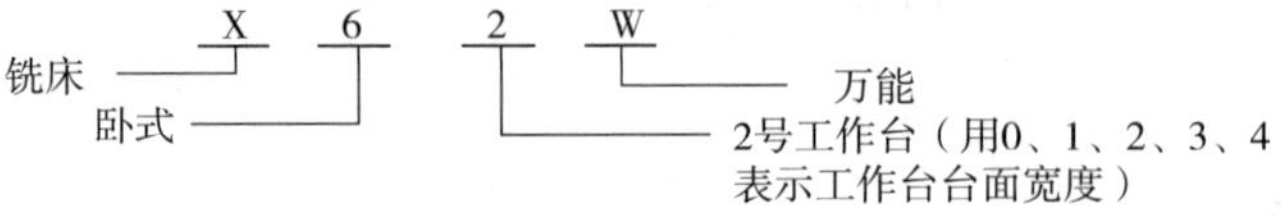

一、X62 W 型卧式万能铣床主要结构和功能

1. 主要结构

X62 W 型卧式万能铣床主要由床身、底座、悬梁、刀杆支架、工作台、溜板和升降台等部分组成。其结构示意图如图 4-8 所示。

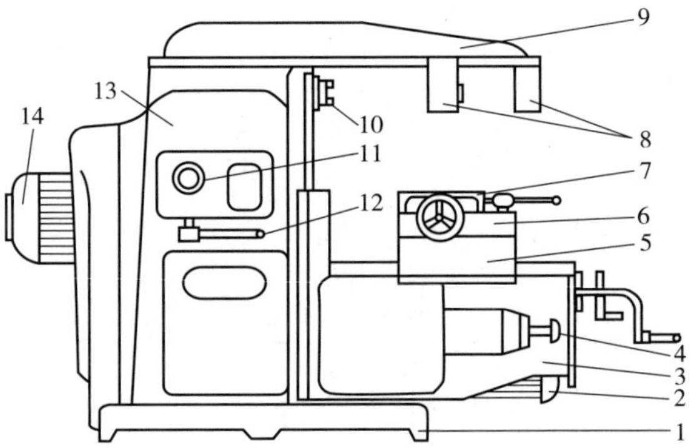

图 4-8　X62 W 型卧式万能铣床结构示意图

1—底座；2—进给电动机；3—升降台；4—进给变速手柄及变速盘；5—溜板；6—回转盘；7—工作台；8—刀杆支架；9—悬梁；10—主轴；11—主轴变速盘；12—主轴变速手柄；13—床身；14—主轴电动机

2. 主要部分功能

（1）床身。箱型床身固定在底座上，床身内装有主轴的传动机构和变速操纵机构。床身的前面有垂直导轨，升降台可沿导轨上下移动。在床身的顶部有水平导轨，其上装着带有一个或两个刀杆支架的悬梁，悬梁可沿导轨水平移动。

（2）悬梁及刀杆支架。刀杆支架装在悬梁上，用来支撑铣刀心轴的外端，心轴的另一端装在主轴上。刀杆支架可以在悬梁上水平移动，悬梁又可以在床身顶部的水平导轨上水平移动，可适应各种不同长度的心轴。

（3）升降台。升降台依靠下面的丝杠，沿床身前面的导轨而上下移动。进给系统的电动机和变速机构等装在升降台内部。工作台可沿溜板上部回转盘的导轨在垂直主轴轴线的方向移动。所以安装在工作台上的工件可以在三个方向调整位置或完成进给运动。

（4）横向溜板。横向溜板装在升降台的水平导轨上，可沿导轨平行于主轴轴线方向作横向移动（即前后运动）。

(5)工作台。工作台用来安装夹具和工件。它的位置在横向溜板上的水平导轨上,可沿导轨垂直于主轴轴线方向做纵向移动(即左右运动)。

(6)回转盘。安装在万能铣床在横向溜板和工作台之间,可使工作台向左右转动±45°。因此,工作台在水平面内除了可以纵向进给和横向进给外,还可以在倾斜的方向进给,用以加工螺旋槽等。

二、X62 W 型卧式万能铣床主要运动形式及控制要求

1.X62 W 型卧式万能铣床主要运动形式

X62 W 型卧式万能铣床共用三台异步电动机拖动,分别是主轴电动机 M1、进给电动机 M2 和冷却泵电动机 M3。主运动是铣刀的旋转运动;进给运动是工件相对于铣刀的移动;辅助运动包括工作台的快速运动及主轴和进给的变速冲动。

2.X62 W 型卧式万能铣的床控制要求

(1)主运动。其控制要求主要有以下几个方面。

①主运动和进给运动之间没有速度比例协调的要求,所以主轴与工作台各自采用单独的笼型异步电动机拖动。

②为完成顺铣和逆铣,要求主轴能正反转。本铣床由主轴电动机 M1 的正反转来改变主轴的转向。

③为了减小负载波动对铣刀转速的影响,以保证加工质量,主轴上装有飞轮,其转动惯量较大。为了缩短停车时间,提高工作效率,主轴电动机采用电磁离合器制动以准确停车。

(2)进给运动。其控制要求主要有以下几个方面。

①工作台的进给运动由一台进给电动机 M2 拖动,为了使进给时可以纵向(前后)、横向(左右)和垂直(上下)移动,进给电动机 M2 应能正反转。

②工作台上、下、左、右、前、后六个方向的运动应具有限位保护。

③使用圆工作台时,要求圆工作台的旋转运动与工作台的上下、左右、前后 6 个方向的运动之间有联锁控制,即圆工作台旋转时,工作台不能向其他方向移动。

④根据工艺要求,主轴旋转与工作台进给应有联锁控制。为了防止刀具和铣床的损坏,进给运动要在铣刀旋转之后才能进行;为了减少加工工件表面的粗糙度,进给运动停止后主轴才能停止或同时停止。

(3)辅助运动。其控制要求主要有以下几个方面。

①当主轴电动机和冷却泵电动机过载时,进给运动必须立即停止,以免损坏刀具和铣床。

②冷却泵电动机 M3 只要求单方向转动。

③为了缩短调整运动的时间,提高生产率,工作台应有快速移动控制, X62 W 铣床是采用电磁铁和机械挂挡来实现的。

④为适应加工的需要,主轴转速与进给速度应有较宽的调节范围。X62 W 铣床是采用机械变速的方法(改变变速箱的传动比)来调节速度的。为了保证变速时和变速后齿轮易于啮合,减小齿轮端面的冲击,要求主轴变速时主轴应能瞬时点动,进给变速时进给电动机也应能瞬时点动。这种变速时电动机瞬时点动一下的过程称为变速冲动。

三、X62 W 型卧式万能铣床电气控制线路分析

(一)X62 W 型卧式万能铣床电气控制线路图

X62 W 型卧式万能铣床电气控制线路图如图 4-9 所示。

(二)X62 W 型卧式万能铣床电气控制线路工作原理分析

1. 主电路分析

在图 4-9 中,主电路共有三台电动机,M1 是主轴电动机,M2 是进给电动机,M3 是冷却泵电动机。

主轴电动机 M1 拖动主轴带动铣刀进行铣削加工。M1 的启动与停止由接触器 KM1 的主触点控制,由于其正转与反转不频繁,所以在启动前用组合开关 SA3 预先选择。热继电器 FR1 作主轴电动机的过载保护。

进给电动机 M2 拖动升降台、工作台进给。电动机 M2 的正反转由接触器 KM3 和 KM4 的主触点控制,用热继电器 FR3 作过载保护。

冷却泵电动机 M3 供应冷却液。M3 接在接触器 KM1 的动合主触点之后,只有主轴电动机 M1 启动后 M2 才能启动。由于 M3 容量很小,故用电源开关 QS2 直接控制它的启动和停止,热继电器 FR2 作过载保护。

电源开关 QS1 为铣床的电源总开关,熔断器 FU1 为总电源的短路保护。

2. 控制电路分析

1)主轴电动机 M1 的控制

为了操作方便,主轴电动机采用两地控制方式:一组起动按钮 SB1 和停止按钮 SB5 设置在工作台的前面,另一组起动按钮 SB2 和停止按钮 SB6 设置在床身侧面,可在两处中的任一处对 M1 进行操作。KM1 是主轴电动机的起动接触器,YC1 是主轴电动机制动用的电磁离合器,SQ1 是主轴变速时瞬时点动(冲动)的位置开关。

(1)启动控制。启动前,先将主轴换向转换开关 SA3 旋转到所需要的旋转方向,然后合上电源开关 QS1,再按下起动按钮 SB1 或 SB2,接触器 KM1 线圈得电吸合, KM1 主触点和自锁触点闭合,主轴电动机 M1 启动运转,同时 KM1 的辅助常开触点(15 区)闭合,为工作台进给电路提供电源。

(2)制动控制。当需要主轴电动机 M1 停转时,按下停止按钮 SB5 或 SB6,其常闭触点 SB5-1 或 SB6-1 断开,接触器 KM1 线圈断电释放, KM1 主触点断开,但主轴电动机因惯性仍然在旋转。常开触点 SB5-2 或 SB6-2 闭合,主轴制动电磁离合器 YC1 线圈得电吸合,对主轴制动,主轴电动机 M1 停转。

(3)换刀控制。安全起见,在更换铣刀时,应将主轴制动。方法是将转换开关 SA1 扳到换刀位置, SA1 的常开触点 SA1-1(8 区)闭合,电磁离合器 YC1 线圈得电,将主轴制动,此时主轴处于制动状态不能转动以方便换刀,同时 SA1 的常闭触点 SA1-2(13 区)断开,切断控制电路电源回路,使铣床不能运转,人身安全得到了保证。换刀结束后,将 SA1 扳回原处。

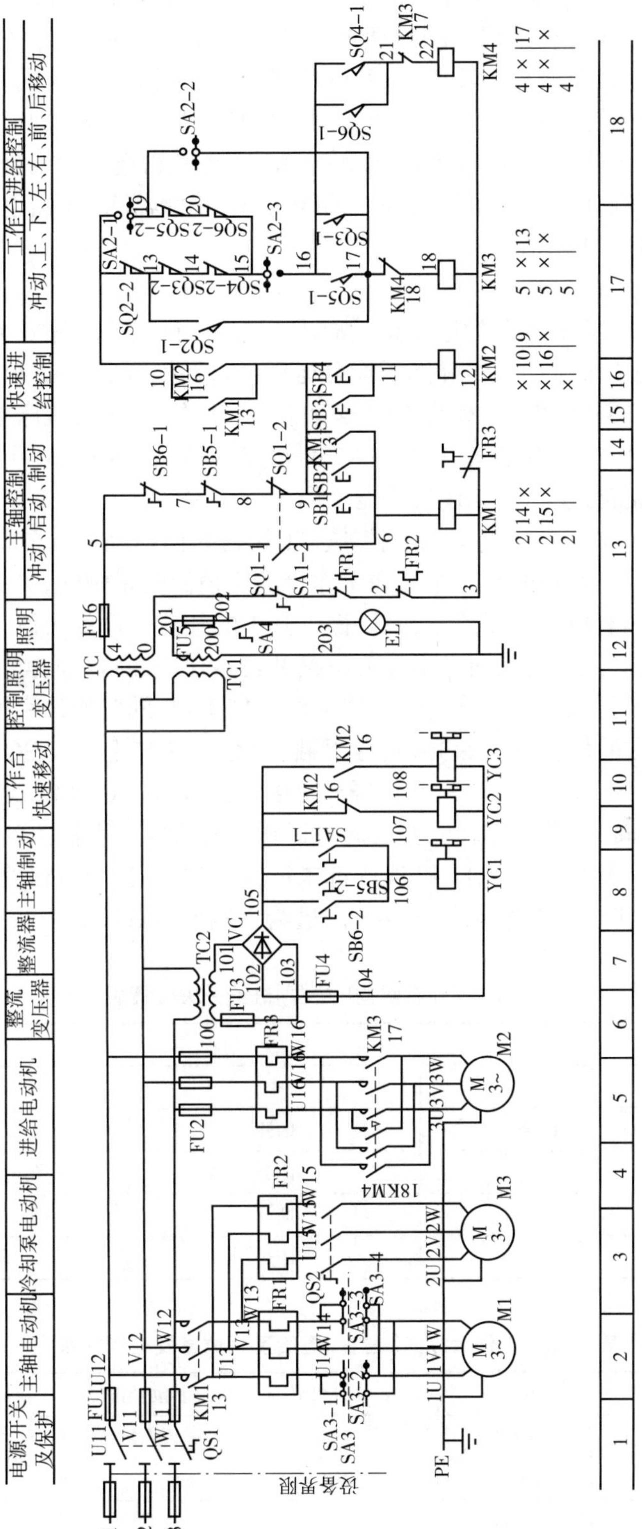

图 4-9　**X62 W 型卧式万能铣床电气控制线路图**

(4)变速冲动控制。主轴变速冲动控制是为了变速后齿轮能够很好地啮合,通过变速手柄与冲动位置开关 SQ1 在机械上的联动来实现。主轴变速时,首先将变速手柄向下压,并向外拉出,转动变速盘至所需的转速;然后迅速将变速手柄推回原来的位置。在手柄推回原处时,手柄通过机械装置瞬时压下变速冲动开关 SQ1(13 区)后又松开,这时,SQ1 常闭触点 SQ1-2 先断开,常开触点 $SQ1_1$ 后闭合,接触器 KM1 线圈得电吸合,主轴电动机 M1 瞬时起动,齿轮顺利啮合,变速完成。紧接着 SQ1 即刻复位,接触器 KM1 断电释放,主轴电动机 M1 断电停转,主轴变速冲动结束。

2)进给电动机 M2 的控制

进给电动机 M2 带动工作台的进给运动有上、下、左、右、前、后等 6 个方向。转换开关 SA2 转换控制机床的 6 个方向进给和圆工作台运动。将转换开关 SA2 扳在接通位置,此时 SA2 的触点 SA2-1、SA2-3 断开,触点 SA2-2 闭合,圆工作台工作,机床不能在 6 个方向进给;将转换开关 SA2 扳在断开位置,此时 SA2 的触点 SA2-1、SA2-3 闭合,触点 SA2-2 断开,机床在 6 个方向正常进给,圆工作台不能工作。

(1)工作台纵向(左、右)进给运动的控制。工作台纵向运动由纵向操作手柄控制。操纵工作台纵向运动的手柄有两个:一个装在工作台底座顶面的正中间,另一个装在工作台底座的左下方,它们之间有机械联动关系,只要操纵其中的任意一个就可以了。纵向操作手柄有左、右、中 3 个位置。工作台纵向进给开关位置见表 4-15。当将纵向操作手柄向左或向右扳动时,进给电动机的传动链与工作台纵向移动的丝杠接通,同时操作手柄压下向左进给的行程开关 SQ5 或向右的位置开关 SQ6,其常闭触点 SQ5-2(17 区)或 SQ6-2(17 区)断开,常开触点 SQ5-1(17 区)或 $SQ6_1$(18 区)闭合,使接触器 KM3 或 KM4 线圈通电动作,进给电动机 M2 正转或反转,拖动工作台向左或向右运动。当将操作手柄扳到中间位置时,纵向运动的机械机构脱开,行程开关 SQ5 和 SQ6 都未被压下,进给控制电路处于断开状态,进给电动机 M2 处于停转状态。工作台纵向(左右)进给手柄位置及控制关系见表 4-16。

表 4-15 工作台纵向(左右)进给开关位置表

触点	位置		
	左	中	右
SQ5-1	闭合	断开	断开
SQ5-2	断开	闭合	闭合
SQ6-1	断开	断开	闭合
SQ6-2	闭合	闭合	断开

表 4-16 工作台纵向(左右)进给手柄位置及控制关系

手柄位置	位置开关	接触器	电动机 M2 转向	传动链搭合丝杠	工作台运动方向
左	SQ5	KM3	正转	左右进给丝杠	向左
中	—	—	停止	—	停止
右	SQ6	KM4	反转	左右进给丝杠	向右

工作台左右运动的终端限位保护是通过工作台两端极限位置的挡铁完成的。当工作台向左或向右移动碰到挡铁时,挡铁碰撞纵向操作手柄使其自动复位到中间位置,位置开关SQ5和SQ6复位,电动机M2停转,工作台停止进给,实现左右运动的终端限位保护。调整挡铁在工作台上的位置,可以改变停车的终端位置。

工作台向左进给:将转换开关SA2扳至断开位置,并将工作台纵向操作手柄向左扳动。此时开关SQ5被压下,其常开触点SQ5-1闭合, KM3线圈得电,接触器KM3主触点吸合,进给电动机M2正转,拖动工作台向左进给。将工作台纵向操作手柄向中间位置扳动,开关SQ5松开,KM3线圈失电,接触器KM3主触点断开,进给电动机M2停转,工作台停止向左进给。

工作台向右进给:将工作台纵向操作手柄向右扳动。此时开关SQ6被压下,其常开触点 $SQ6_1$ 闭合, KM4线圈得电,接触器KM4主触点吸合,进给电动机M2反转,拖动工作台向右进给。将工作台纵向操作手柄向中间位置扳动,开关SQ6松开, KM4线圈失电,接触器KM4主触点断开,进给电动机M2停转,工作台停止向右进给。

(2)工作台横向(前、后)和升降(上、下)进给运动的控制。工作台横向进给运动和升降进给运动是由工作台横向和垂直操作手柄控制的。其装在工作台左侧的前、后方。因为手柄之间有机械联动关系,只需操纵其中的任意一个即可。工作台横向和垂直操作手柄有上、下、前、后和中间共5个位置。SQ3控制工作台向下或向前运动,SQ4控制工作台向上或向后运动。工作台上、下、中、前、后进给手柄位置及控制关系见表4-17。

表4-17 工作台横向(前、后)和升降(上、下)进给手柄位置及控制关系

手柄位置	位置开关	接触器	电动机M2转向	传动链搭合丝杠	工作台运动方向
上	SQ4	KM4	正转	上下进给丝杠	向上
下	SQ3	KM3	反转	上下进给丝杠	向下
中	—	—	停止	—	停止
前	SQ3	KM3	正转	前后进给丝杠	向前
后	SQ4	KM4	反转	前后进给丝杠	向后

当将操作手柄扳到向下或向前位置时,机械机构将进给电动机M2的传动链与相应的丝杠接通,同时操作手柄压下行程开关SQ3, SQ3常闭触点SQ3-2(17区)断开,常开触点SQ3-1(17区)闭合,接触器KM3线圈通电动作,进给电动机M2正转,拖动工作台向下或向前运动。当将操作手柄扳到向上或向后位置时,机械机构将进给电动机的传动链与相应丝杠接通,同时操作手柄压下行程开关SQ4, SQ4常闭触点SQ4-2(17区)断开,常开触点SQ4-1(18区)闭合,接触器KM4线圈通电动作,进给电动机M2反转,拖动工作台向上或向后运动。当将操作手柄扳到中间位置时,机械机构都已脱开,各行程开关都已复位,接触器KM3和KM4都已释放,所以进给电动机M2处于停转状态。横向(前、后)和升降(上、

下)进给开关位置见表4-18。

表4-18 横向(前、后)和升降(上、下)进给开关位置表

触点	位置		
	向前、向下	中间(停止)	向后、向上
SQ3-1	闭合	断开	断开
SQ3-2	断开	闭合	闭合
SQ4-1	断开	断开	闭合
SQ4-2	闭合	闭合	断开

和左右进给一样,工作台前后进给运动和上下进给运动也是通过挡铁来实现限位保护的。当工作台在前后方向进给和上下方向进给到极限位置时,挡铁都会碰撞到手柄,使手柄自动复位到中间位置,位置开关SQ3和SQ4复位,上下丝杠或前后丝杠与电动机传动链脱离,电动机和工作台就停止运动。在任一时间内,工作台只允许向一个方向运动。两个操作手柄被指定于某一方向后,只能压下四个位置开关SQ3、SQ4、SQ5、SQ6中的一个开关,使得进给电动机M2正转或反转,拖动工作台沿选定的进给方向做进给运动,而不会沿其他方向运动。

(3)左右进给手柄与上下、前后进给手柄的联锁控制。工作台纵向运动由纵向操作手柄控制,横向进给运动和升降进给运动是由工作台横向和垂直操作手柄控制。在这两个手柄中,只能进行其中一个进给方向上的操作,即当一个操作手柄被置定在某一进给方向后,另一个操作手柄必须置于中间位置,否则将无法进行任何进给运动。如纵向操作手柄扳至向左进给位置时,此时若再横向和垂直操作手柄扳至向下进给位置,则行程开关SQ5和SQ3均被压下, SQ5常闭触点SQ5-2(17区)和SQ3常闭触点SQ3-2(17区)均断开,接触器KM3和KM4线圈回路被切断,进给电动机M2不运转。这是因为在控制电路中对两者实行了联锁保护。

(4)进给变速冲动控制。进给变速冲动由行程开关SQ2控制。为了使工作台进给变速时齿轮容易啮合,进给电动机M2也需要瞬时点动一下。在进给变速时,只需将进给变速盘往外拉,然后转动变速盘,选择好所需要的速度后,将变速盘推进去,此时行程开关SQ2瞬时被时下, SQ2常闭触点SQ2-2(17区)瞬时断开,常开触点SQ2-1(17区)瞬时闭合,接触器KM3线圈得电吸合,接触器KM3瞬时闭合后又断开,进给电动机瞬时正转冲动一下。进给电动机瞬时的接通给变速齿轮更好啮合的机会。当变速盘推回原位时,位置开关SQ2复位,接触器KM3断电释放,进给电动机瞬时冲动结束。

(5)工作台快速移动控制。在对刀过程中,为了提高生产效率,缩短对刀时间,可使工作台快速移动。工作台的快速移动是由进给电动机M2来拖动的。按下两地工作台快速移动起动按钮SB3或SB4,接触器KM2得电,KM2常闭触点(9区)断开,电磁离合器YC2线圈失电, KM2常开触点(10区)闭合,电磁离合器YC3线圈得电,进给电动机M2的快速进给,拖动工作台快速移动。当移动到需要位置时,松开起动按钮SB3或SB4,接触器KM2线圈失电,工作台进给恢复原状。

（6）圆工作台控制。圆工作台选择开关位置见表 4-19。将圆工作台 SA2 扳至接通位置，此时 SA2 的触点 SA2-1 断开，SA2-2 闭合，SA2-3 断开，接触器 KM3 得电吸合，进给电动机 M2 正转，带动圆工作台工作。当圆工作台工作时，工作台 6 个方向进给都不能进行，因为无论扳动 6 个进给方向中的任意一个进给方向，都会压下行程开关 SQ3、SQ4、SQ5、SQ6 中的任意一个，而其中任意一个行程开关被压开，接触器 KM3 线圈就会失电，进给电动机 M2 就会停转，从而起到了 6 个方向与圆工作台的联锁控制作用。当不需要圆工作台旋转时，将转换开关扳到断开位置，这时触点 SA2-1 和 SA2-3 闭合，触点 SA2-2 断开以保证工作台在 6 个方向的进给运动。圆工作台不要求反转或调速，当按下主轴停止按钮 SB5-1 或 SB6-1 时，主轴停转，圆工作台也同时停转。

表 4-19　圆工作台选择开关位置表

触点	位置	
	接通圆工作台	断开圆工作台
SA2-1	断开	闭合
SA2-2	闭合	断开
SA2-3	断开	闭合

3）冷却泵及照明电路的控制

主轴电动机 M1 和冷却泵电动机 M3 采用的是顺序控制方式，即冷却泵电动机 M3 只有在主轴电动机 M1 启动后才能启动。由转换开关 QS2 控制冷却泵电动机 M3 的启动和停止。

铣床照明电路由变压器 TC1 供给 24 V 的安全电压，由开关 SA4 控制。熔断器 FU5 作照明电路的短路保护。

4）X62 W 型卧式万能铣床电气元件及用途

X62 W 型卧式万能铣床电气元件及用途明细见表 4-20。

表 4-20　X62 W 型卧式万能铣床电气元件及用途

代号	名称及用途	代号	名称及用途
M1	主轴电动机	QS1	电源总开关
M2	进给电动机	QS2	冷却泵开关
M3	冷却泵电动机	SA1	换刀控制开关
KM1	接触器，主轴电动机 M1 用	SA2	圆形工作台控制开关
KM2	接触器，快速进给电动机 M2 用	SA3	M1 换向开关
KM3	接触器，快速进给电动机 M2 正转用	SA4	照明灯控制开关

续表

代号	名称及用途	代号	名称及用途
KM4	接触器,快速进给电动机 M2 反转用	SQ1	主轴冲动开关
FR1	热继电器,主轴电动机 M1 过载保护	SQ2	进给冲动开关
FR2	热继电器,冷却泵电动机 M3 过载保护	SQ3	进给电动机 M2 正反转及联锁开关
FR3	热继电器,快速进给电动机 M2 过载保护	SQ4	进给电动机 M2 正反转及联锁开关
FU1	熔断器,电源短路保护	SQ5	进给电动机 M2 正反转及联锁开关
FU2	熔断器,进给短路保护	SQ6	进给电动机 M2 正反转及联锁开关
FU3、FU6	整流、控制电路短路保护	TC	变压器,控制电路电源
FU4、FU5	直流、照明电路短路保护	TC1	照明变压器
SB1、SB2	主轴电动机 M1 启动按钮	TC2	变压器,整流电源
SB3、SB4	快速进给点动按钮	YC1	电磁离合器,主轴制动
SB5、SB6	停止、制动按钮	YC2	电磁离合器,正常进给
VC	整流器,整流用	YC3	电磁离合器,快速进给
EL	照明灯		

四、X62 W 型卧式万能铣床常见电气故障分析

1. 主轴电动机不能启动

出现此故障时,首先检查各开关是否处于正常工作位置。然后检查三相电源、熔断器、热继电器的常闭触点、两地起停按钮以及接触器 KM1 的情况,看有无线圈断路、接线脱落、接触不良、电器损坏等现象。另外,还应检查主轴变速冲动开关 SQ1 位置是否移动甚至被撞坏,或常闭触点 $SQ1_2$ 是否接触不良。最后还要检查主轴电动机本身有无断线和机械卡住等问题。

2. 变速时不能冲动控制

此故障主要原因:冲动开关 SQ1 或 SQ2 经常受到频繁冲击,使开关位置移动撞坏或断线;主轴变速操作手柄或变速盘在推回原位置的过程中,机械装置未碰压冲动开关 SQ1 或 SQ2。

出现此故障时,修理或更换冲动开关,调整开关的动作距离,即可恢复冲动控制。

3. 工作台不能做横向(前、后)和升降(上、下)进给运动

工作台不能做横向(前、后)和升降(上、下)进给运动。主要原因是行程开关 SQ5 或 SQ6 经常被压合,螺钉松动、开关移位、触头接触不良、开关机构卡住等故障使线路断开或开关不能复位闭合。

出现此故障时,用万用表欧姆挡测量 SQ5-2 或 SQ6-2 的接触导通情况,查找故障部位,修理或更换元件,就可排除故障。注意在测量 SQ5-2 或 SQ6-2 的接通情况时,应操作前后、上下进给手柄,使 SQ3-2 或 SQ4-2 断开。

4. 工作台不能做纵向(左、右)进给运动

工作台不能做纵向(左、右)进给运动时,应首先检查垂直或横向进给是否正常,如果正常,说明进给电动机 M2 主电路、接触器 KM3、KM4 及与纵向进给相关的公共支路都正常,此时应重点位置开关 SQ2-2、SQ3-2、SQ4-2。这三副触点只要有一副接触不良或损坏,就会使工作台向左或向右不能进给。

出现此故障时,可用万用表分别测量这三副触点之间的电压来判断哪对触点损坏。其中 SQ2 是进给变速冲动行程开关,变速时因为常受冲击容易损坏。

5. 工作台各个方向都不能进给

铣床进给运动是通过电动机进给电动机 M2 的正反转配合机械传动来实现的。检查主回路和控制回路都正常,但就是不能进给,主电机启动后,进给电机就转动,拨动进给手柄,M2 停转,各个方向都不能进给。此故障大多是因为进给电动机 M2 不能启动导致的。

出现此故障时,首先检查圆工作台的控制开关 SA2 是否在断开位置;再用万用表检查控制回路电压是否正常,若控制回路电压正常,可扳动进给手柄至各个运动方向,观察其相关的接触器是否吸合,若吸合,则表明控制回路正常。这时着重检查电动机主回路,常见的故障有接触器主触点接触不良、主触点脱落、机械卡死、电动机 M2 接线脱落或绕组断路等。另外,可检查控制主轴电动机的接触器 KM1 是否已吸合动作;因为只有接触器 KM1 吸合后,控制进给电动机 M2 的接触器 KM3、KM4 才能得电。如果接触器 KM1 不能得电,则表明控制回路电源有故障,可检测控制变压器 TC 线圈和电源电压是否正常,熔断器是否熔断。除此以外,由于经常扳动操作手柄,开关受到冲击,位置开关 SQ3、SQ4、SQ5、SQ6 的位置发生变动或被撞坏,使线路处于断开状态,变速冲动开关 SQ2-2 在复位时不能闭合接通,或接触不良,也会使工作台没有进给。

6. 工作台不能快速进给

工作台不能快速进给,常见的原因是电磁离合器线路工作不正常,多数是由线头脱落、线圈损坏或机械卡死等引起的。

出现上述故障时,检查接线有无松脱;整流变压器 T2、熔断器 FU3 和 FU6 的工作是否正常;整流器中的四个整流二极管是否损坏;电磁离合器线圈是否正常;离合器的动摩擦片和静摩擦片是否完好。

【巩固练习】

1. 如何检查判断 X62 W 型卧式万能铣床的故障。
2. 进行故障检修时应注意哪些问题。

技能训练　X62 W 型卧式万能铣床电气控制线路故障分析与检查

一、目的要求

掌握 X62 W 型卧式万能铣床电气控制线路的故障分析与检修。

二、工具、仪表

(1)工具:验电器、钢丝钳、一字形和十字形螺钉旋具、电工刀、尖嘴钳、活扳手、剥线钳等。

(2)仪表:万用表、绝缘电阻表、钳形电流表。

三、步骤

(1)在教师的指导下熟悉铣床的主要结构和运动形式,了解铣床的各种工作状态和操作方法。

(2)在教师的指导下熟悉铣床的元器件位置及安装方法,弄清铣床的线路控制。

(3)教师在 X62 W 型卧式万能铣床上人为设置自然故障点,进行示范检修。

①通过通电试验,引导学生观察故障现象。

②根据故障现象,依据电路图用逻辑分析法初步确定故障范围,并在电路图中标出最小故障范围。

③采取适当的检查方法查出故障点,并正确排除故障。

④检修完毕进行通电试车,并做好维修记录。其中人为故障设置应注意以下几点。

a. 人为设置的故障必须是模拟车床在使用过程中出现的自然故障。

b. 不能通过更改线路或更换电器元件来设置故障。

c. 设置故障不能损坏电器元件,不能破坏线路美观,不能设置易造成人身或设备事故的故障点。

d. 设置的故障可先易后难,先设置单个故障,然后过渡到两个或两个以上故障;当设置一个以上故障点时,故障现象尽可能不要相互掩盖。

(4)由教师在线路中设置几处人为的自然故障点。

(5)按照检查步骤和检修方法,学生自行独立进行检修。在检修过程中如果发现问题,要向老师汇报,经老师检查后方可进行修理。

四、注意事项

(1)熟悉 X62 W 型卧式万能铣床电器元件基本控制要求。

(2)弄清电气、液压和机械系统如何配合实现各种运动形式。

(3)工具和仪表的使用应符合使用要求。

(4)故障排查出,故障点修复不得更换元件、改变电路。

(5)在检修过程中,严禁扩大故障范围或产生新的故障点。

(6)线路检查必须在断电的情况下进行,必须有专业教师在现场进行指导,以确保用电安全。

五、评分标准

评分标准

序号	评价内容	配分	评分标准	扣分	得分
1	故障分析	30	(1)不分析研究故障扣5分； (2)漏标、错标故障范围，每个故障范围扣10分； (3)漏标、错标故障点，每个故障点扣5分； (4)故障分析方法错误扣10分		
2	故障排除	60	(1)断电后不验电扣5分； (2)故障排除方法错误扣10分； (3)工具及仪表使用不当，每次扣5分； (4)检修中扩大故障范围扣15分； (5)少查出故障，每个故障点扣5分； (6)少排除故障，每个故障点扣5分； (7)损坏电器元件扣20分； (8)产生新的故障且不能修复，每个扣10分		
3	安全文明生产	10	(1)不按照安全规定操作扣5分； (2)自身防护不到位扣5分； (3)操作完成后工具、仪表等未归位或者未放置整齐扣5分； (4)出现短路或触电扣10分		
合计		100			

附录　常用电器、电机的图形与文字符号

类别	名称	图形符号	文字符号
开关	单极控制开关		SA
	手动开关一般符号	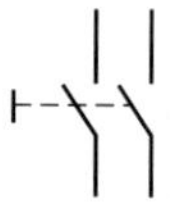	SA
	三极控制开关	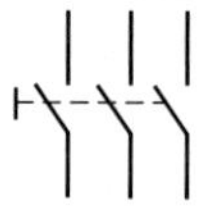	QS
	三极隔音开关	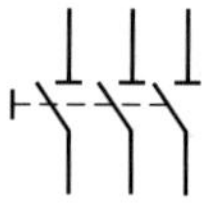	QS
	三极负荷开关	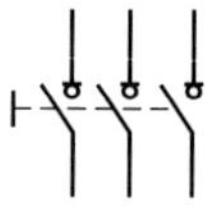	QS
	组合旋钮开关	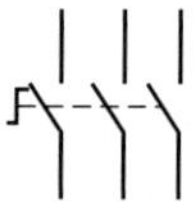	QS
	低压断路器	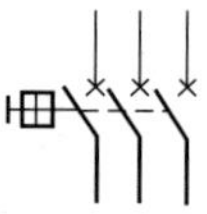	QF
	控制器或操作开关	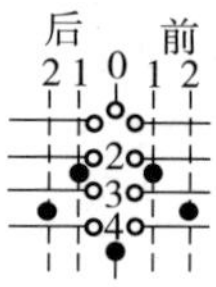	SA
行程开关	常开触头		SQ
	常闭触头		SQ
行程开关	复合触头		SQ
按钮	常开按钮	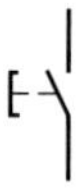	SB
	常闭按钮	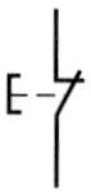	SB
	复合按钮	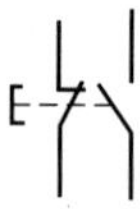	SB
	急停按钮		SB
	钥匙操作式按钮	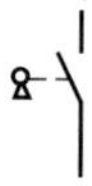	SB
接触器	线圈操作器件	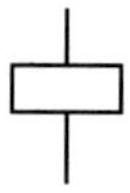	KM
	常开主触头	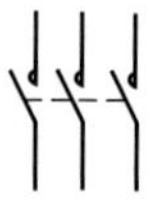	KM
	辅助常开触头		KM
	辅助常闭触头		KM

续表

类别	名称	图形符号	文字符号	类别	名称	图形符号	文字符号
热继电器	热元件	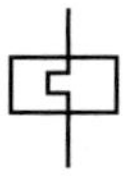	YC	电流继电器	过电流线圈	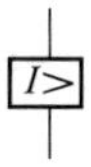	KA
	常闭触头		YB		欠电流线圈		KA
时间继电器	通电延时（缓吸）线圈	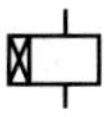	YV		常开触头		KA
	断电延时（缓放）线圈	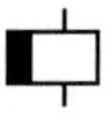	KT		常闭触头		KA
	瞬时闭合的常开触头		KT	电压继电器	过电压线圈		KV
	瞬时断开的常闭触头		KT		欠电压线圈		KV
	通电延时型常开触头		KT		常开触头		KV
	通电延时型常闭触头		KT		常闭触头		KV
	断电延时型常闭触头		KT	非电量控制的继电器	速度继电器常开触头	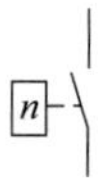	KS
	断电延时型常开触头		KT		压力继电器常开触头		KP
中间继电器	线圈	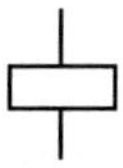	KA	熔断器	熔断器		FU
	常开触头		KA	电磁操作器	电磁铁的一般符号	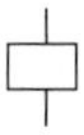	YA
	常闭触头		KA		电磁吸盘	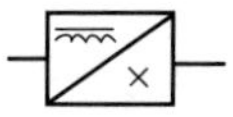	YH

续表

类别	名称	图形符号	文字符号	类别	名称	图形符号	文字符号
电磁操作器	电磁离合器	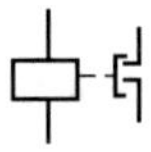	YC	发电机	发电机	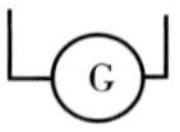	G
	电磁制动器	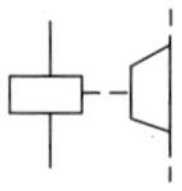	YB		直流测速发电机		TG
	电磁阀	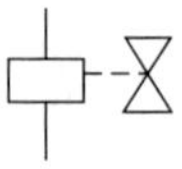	YV	变压器	单相变压器		TC
电动机	三相笼型异步电动机		M		三相变压器	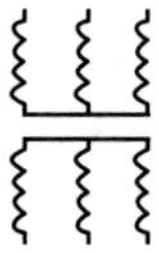	TM
	三相绕线转子异步电动机		M	灯	信号灯（指示灯）		HL
	三相同步电动机		M		照明灯		EL
	他励直流电动机	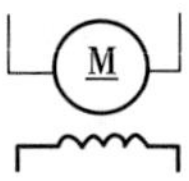	M	接插头	插头和插座		X 插头 XP 插座 XS
	并励直流电动机	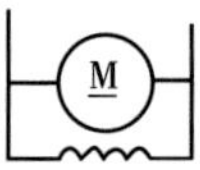	M	互感器	电流互感器		TA
	串励直流电动机	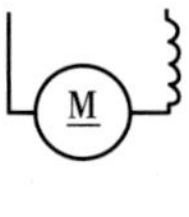	M		电压互感器	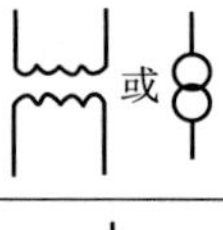	TV
					电抗器		L

参考文献

[1] 张红莲. 电机与电力拖动控制系统[M]. 北京：机械工业出版社，2013.

[2] 孙旭请，刘学义. 电机与拖动基础[M]. 成都：电子科技大学出版社，2016.

[3] 程建龙. 电力拖动控制线路与技能训练[M]. 北京：中国电力出版社，2006.

[4] 麦崇裔. 电气控制技术与技能训练[M]. 北京：电子工业出版社，2010.

[5] 赵淑芝. 电力拖动与自动控制线路技能训练[M]. 北京：高等教育出版社，2023.

[6] 叶云汉. 电机与电力拖动项目教程（工作页一体化）[M].2 版. 北京：科学出版社，2021.

[7] 人力资源社会保障部教材编写办公室. 电力拖动控制线路与技能训练[M].6 版. 北京：中国劳动社会保障出版社，2020.

[8] 代佳乐. 电力拖动控制线路与技能训练[M]. 西安：西北工业大学出版社，2008.

[9] 董桂桥. 电力拖动控制与技能训练[M]. 北京：机械工业出版社，2005.

[10] 华艳秋，周左晗. 电力与拖动基础[M]. 南京：东南大学出版社，2020.